最成长
青少年
正能量
系列

成长，成才，成功

让个性助你成功

卞庆奎◎主编

个性不易改变，但可以优化

APETIME 时代出版
时代出版传媒股份有限公司
北京时代华文书局

图书在版编目（CIP）数据

让个性助你成功 / 卞庆奎主编. -- 北京 : 北京时代华文书局, 2013.11
（最成长·青少年正能量系列）
ISBN 978-7-80769-145-7

Ⅰ. ①让… Ⅱ. ①卞… Ⅲ. ①成功心理—青年读物
②成功心理—少年读物 Ⅳ. ①B848.4-49

中国版本图书馆CIP数据核字（2013）第256702号

让个性助你成功

卞庆奎／主 编

出 版 人　田海明　周殿富

选题策划　郑永生　王其芳

责任编辑　杨迎会　姜富霞　装帧设计　刘　煜

出　　版　时代出版传媒股份有限公司　http://www.press-mart.com
　　　　　北 京 时 代 华 文 书 局　http://www.bjsdsj.com.cn
　　　　　北京市东城区安定门外大街136号皇城国际大厦A座8楼　邮编：100011

发　　行　北京时代华文书局图书发行部　（010）64267120　64267397
印　　制　北京京都六环印刷厂　（010）89597336

规　　格　710mm×1000mm　1/16
印　　张　14
字　　数　186千字
版　　次　2013年11月第1版　2013年11月第1次印刷
书　　号　ISBN　978-7-80769-145-7
定　　价　26.60元

写在前面

个性是不能选择的。个性是天生的，它虽然在后天可以得到优化和改造，但其基本的东西即性质却是不会改变的。先框定一个职业，这个职业收入高、地位高，但并不是每一个人都能达到的。比如说，像比尔·盖茨这样极具电脑天赋的人，如果有人（包括他自己）预先为他设定要做一名杰出的政治家，这怎么可能呢？

我们也常听到有些青少年这样说：我自己究竟是个什么样的人我也说不清楚，我越来越不了解自己了；我真的不知道自己该做什么，适合做什么；我怎么变成这样一种人了，等等。有的人自己也说不清楚自己到底喜欢做什么。有的人虽然已经开始了独立的工作，但目前的工作并非自己真正想拥有的，他仍在不断地追求着。有不少大学生在高考填报志愿时都很盲目，有的只是听从父母长辈的意见；有的只是随大流，听别人说什么热门就报什么；有的只是想能上个大学就可以了，其他方面考虑甚少。结果是上了大学后许多人对所选专业不感兴趣，这才发现自己根本不适合学那个专业。有名大学一年级的学生，中学时成绩一直名列前茅，但到了大学后却发生了一件意外事件——一门课程考试不及格，而他对自己一向要求甚高，从此便开始怀疑自己，出现许多困扰情绪。他说自己已不是从前师长心目中聪明、能干、活跃、开朗的人了，而变成一个自己也难以认同的人了，真不知自己究竟会成为怎样一种人。

在追寻自我的历程中，人们往往会遇到这样那样的困惑和危机，其根本原因就在于缺乏对现实自我较为客观、深刻、明确的认识。不少中学生报志愿时具有盲目性有两个方面原因，一是对专业了解不够，二是对自己知之甚少。自己的兴趣爱好、性格、气质、能力、特长等，究竟适合做什么，在这些方面了解得相当匮乏。有些人也不是一点儿也不了解自己，但了解得很不够。其中有的人一方面对现实自我评价较低，另一方面又对理想自我定位很高，结果导致现实自我与理想自我之间出现严重冲突——苦闷、抑郁、彷徨；有的人则经不起挫折的考验，碰壁几回就自信心锐减，对自己给予不合理的评价，与此同时，内心深处对自我理想又有很高的追求，最终导致现实自我与理想自我的分裂，开始不知自己究竟为何人，又能成为怎样的人。

伟大剧作家莎士比亚曾说过："你是独一无二的，这是最大的赞美。"但是，这却是事实。

这是一个不为我们所习惯的说法，但却符合事实。盲目从众已无法在当今的社会中立足。认识自己的独特性已经同每个人的生存质量紧密相连。竞争的年代，不仅是才能的竞争，更是个性的竞争。一个人如果不清楚自己的独到之处，不了解自己潜在的优势，就很难凭真本事去竞争，就很难在择优的环境中显出实力，那么你的愿望就只能是愿望。要想施展自我，要想不被别人牵着走，只有认真地剖析自我，确认自我，勇敢地摔打自我，尽力开发自我价值，使自己真正成为自己。

有些人在经过苦苦寻觅之后，最终认清了自己，找到了自己的位置，肯定了自己想要什么，想成为什么样的人。他们很清楚自己的情感所向、人生目标、职业取向等，知道如何在复杂的社会生活中定位自己。这样的人是成熟的人、自我实现的人。他们能体验到真正的快乐，能够向自己的历史交代，即使遇到危机，也能够较好地去适应。这样的人理想自我与现实自我做到了积极的统一。他们能对现实自我做出较为客观、全面、深刻的认识，在理想自我的确立不能立足现实、符合时代和社会的需求的情况下，能够随时做出调整，时刻反省自己，制订出行之有效的目标、计划，并不断优化自身个性。

在个人的成长历程中，究竟需不需要寻找自己？答案无疑是肯定的。只有积极地寻找自我，才会真正做到健康和快乐，才会做出真正的成就，走向成功。

目 录

第一章

个性的认识

第一节　个性的特征

一、什么是个性

这也许是心理学中最复杂的问题之一。因而对这一问题的回答也是众说纷纭。就个性的定义来说，据著名的个性心理学家阿尔波特的统计，就有 50 多种。

个性又称人格，原意是指戏剧演员在舞台上扮演角色所戴的面具，它代表剧中人物的身份，表现剧中人物的某种典型心理，类似于京剧中的脸谱。如在京剧中红脸代表的是忠厚，白脸代表的是阴险狡诈，黑脸代表的是刚正不阿。传统的心理学沿用这个含义，把一个人在人生舞台上扮演的种种角色的心理活动都看作个性的表现。所以，心理学中个性是指一个人种种行为的心理活动的总和。

在人生舞台上每个人都将同时扮演很多社会关系的角色，如儿子、父亲、丈夫、同事、同学、朋友、上级、下级等。同样是父亲或领导，每个人的表现，如善与恶、利己与利他、可信与不可信、顺应与不顺应、理性与非理性、自信与不自信、高智能与低智能等，这些实际上都是一个人的个性表现。

二、个性是社会化的产物

人一生下来并不具备个性倾向性和个性心理特征。如初生婴儿，只会吃、睡、啼哭、排泄。他们只有简单的感觉、知觉、情感和个性的最初表现，没有形成完整的个性，所以只能作为自然实体而存在，即自然人。婴儿与婴儿之间存在着个体特征的差异，瑞士著名儿童心理学家皮亚杰说："社会每分钟使成千上万的野蛮人问世，应该使他们文明化，成为社会的个体。"也就是说，由一个自然人变成一个社会人，这个文明化的过程，也就是个体形成的过程，是获得智慧、能力、情感、意志、性格的过程。

一个初生婴儿（自然人），如果把他放到非洲人的家中去养育，他最后就会形成非洲人的脾气、习性、爱好和为人处事的方式；如果把他放到美国、中国、印度或其他地方去养育，他长大以后一定会具有这个地区、民族、家庭所共有的一些个性特征。如果一个婴儿从小就被剥夺了社会化（受教育）的权利，他就是皮亚杰所说的"野蛮人"。兽孩就是野蛮人，没有教化过的人。很多媒体都报道过有关狼孩的消息，如有关记载说，1920年在印度加尔各答西南山林里发现两个披头散发赤身裸体的人随狼群奔跑，当地人很害怕，以为是妖魔，后来一位美国人跟踪到狼窝里，用武力驱走狼，救出了两只人形的"狼"，那是两个女孩，估计一个3岁，一个8岁。人们分析，她们是从小不幸被母狼叼走在狼窝里长大的。在她们身上，人的一切心理现象全被埋没了：一无羞耻感，不肯穿衣服，强迫给她穿上，便用爪子把衣服撕破；二不会站立直行；三不会说话，不会笑（说话和笑是人的"专利"），连人的声音也不会发；四不吃熟食，而且只会在地上舔着吃；五不肯睡床，不愿盖被，喜欢趴在地上睡，而且白天睡觉，半夜爬到户外嗥叫；六是嗅觉灵敏，不出汗，而且喜欢黑暗，喜欢和狗、山羊接近……

以上这些可以说明，人的本质在于他的社会性。人不能离群索居或单独存在，离开社会环境和与他人的相互作用、相互影响，人便不成其为人。人类个体终生与社会为伴，幼年依附于成人而生存，成年以后参与群体活动而生活，人的全部行为几乎都具有社会性。人在社会生活中，个人的一切行为、思想、情感等，不仅因他人的存在或受他人行为的影响而发生变化，同时也对他人的行为产生某种作用。

三、个性的群体差异

世界上不同的民族会形成不同的个性特点。中国幅员辽阔，不同的地区有不同的文化习俗，因此也就形成了带有明显地区特色的个性特点。

1. 民族间的差异——文化的不同

不同的民族有着不同的民族特点。中国有56个民族，每个民族都有印刻着自己民族色彩的行为方式，如生长在大草原的蒙古族同胞剽悍强壮，狂放不羁，热情好客，擅长歌舞。不同的种族的特点更是分明。《读者》杂志在《一眼分出中、日、韩三国人》一文中生动形象地描述了如何在人来人往的国际候机大厅里通过观察把外形相似的中国人、日本人、韩国人加以分辨出来。文中说，如果是一群人在候机，只有一个人讲而大家都在听的群体一定是日本人，因为日本文化是集团主义的文化，他们具有集体优先的性格。他们服从集体，向集体妥协，希望把自己融入集体。因此，一个人一旦说话，其他人就会洗耳恭听。10个人中，八九个都在大呼小叫的，当然是韩国人，因为韩国文化是典型的个人主义的文化，即使是代表在说话，他们也要各抒己见，而且要大声强调自己的主张。几个人在讲，其他人一边听，一边在环顾四周的群体一定是中国人，因为中国文化是个人主义文化，但中国人能够控制自己的感情，故意装糊涂，不断地确认自己的位置，从而控制自己的个性，这就是明哲保身。另外，环顾四周是中国人的习惯。中国人无论到哪里，总是要先了解一下周围的环境，这是好奇心、安全感使然。

下面是《读者》转载的一篇文章，幽默的行文可以引发大家作出更深刻的思考。

招聘

日本的一家公司要招聘10名职员，经过一段时间严格的面试、笔试，公司从300多名应聘者中选出了10名佼佼者。

发榜这天，一个叫水原的青年见榜上没有自己的名字，悲痛欲绝，回到家中便要悬梁自尽，幸好被亲人及时发现，水原被救了下来，没有死。正当水原悲伤之时，从公司却传来好消息：水原的成绩原是名列前茅的，只是由于计算机的错误，导致了水原的落选。正当水原一家人为此而高兴时，从公司又传来消息：水原被公司除了名。原因很简单，公司的老板认为："如此小的挫折都经受不了，这样的人在公司是干不成什么大事的。"

美国的一家公司要招聘10名职员，经过一段时间严格的面试、笔试，公司从300多名应聘者中选出了10名佼佼者。

发榜这天，一个叫汤姆的青年见榜上没有自己的名字，悲痛欲绝，回到家中便要悬梁自尽，幸好被亲人及时发现，汤姆被救了下来，没有死。正当汤姆悲伤之时，从公司却传来好消息：汤姆的成绩原是名列前茅的，只是由于计算机的错误，导致了汤姆的落选。正当汤姆一家人为此而高兴时，美国各大州的知名律师纷纷来到其家中，他们千方百计地鼓动汤姆到法院告这家公司，让公司支付巨额的"精神损失费"，并自告奋勇地充当汤姆的辩护律师。

德国的一家公司要招聘10名职员，经过一段时间严格的面试、笔试，公司从300多名应聘者中选出了10名佼佼者。

发榜这天，一个叫肖恩的青年见榜上没有自己的名字，悲痛欲绝，回到家中便要悬梁自尽，幸好被亲人及时发现，肖恩被救了下来，没有死。正当肖恩悲伤之时，从公司却传来好消息：肖恩的成绩原是名列前茅的，只是由于计算机的错误，导致了肖恩的落选。正当肖恩为此而高兴时，肖恩的父母却坚决反对肖恩进入这家公司。他们的理由毋庸置疑：这家公司工作如此差劲，进入这家公司对儿子的成长毫无意义。

中国的一家公司要招聘10名职员，经过一段时间严格的面试、笔试，公司从300多名应聘者中选出了10名佼佼者。

发榜这天，一个叫晓东的青年见榜上没有自己的名字，悲痛欲绝，回到家中便要悬梁自尽，幸好被亲人及时发现，晓东被救了下来，没有死。正当晓东悲伤之时，从公司却传来好消息：晓东的成绩原是名列前茅的，只是由于计算机的错误，导致了晓东的落选。正当晓东为此而高兴时，晓东的父母却从商店买来锦旗和奖状。他们来到公司，远远地望见公司老板便跪了下来，他们满含热泪地说："多亏你们救了我儿子，我们家世世代代铭记你们的大恩大德呀！"

可见，同样的事情在不同民族的人身上有着完全不同的反应。这就是民族个性的体现。

2. 地区间差异——习俗的不同

人的社会化过程决定了一方水土造就一方人。

不同的地域更会给生活在这块土地上的人们打上地域的印痕。人们都承认北方人憨厚、实在，粗犷豪放，单看体型也是高大健硕者居多；而南方人多数个子不高，细瘦单薄，聪明狡黠，心思细密。有这样一则笑话：两个北京人，一个卖梨，一个卖萝卜。卖萝卜的喊："好吃的萝卜赛过梨啦！"卖梨的喊："又大又甜的梨，萝卜的价啦！"由此可见北京人的幽默。而上海人很精明，凡事精打细算，善于从小处着眼。一位戏剧表演艺术家在着意刻画一位上海人时是这样设计的：这位个子不高、身体瘦弱的上海小伙儿身穿一件羽绒服，脖子上翻出了小红领，手提一条二指宽一尺长的刀鱼，用一条细绳吊着，还跷起兰花指，处处显示出精明与细腻。

城市、农村不同的文化氛围也造就了孩子不同的性格。在《我们怎样做父母》（引自《读者》）这篇文章中，记录了一个小型的调查发现，相对于农村的孩子来说，城里的孩子聪明、积极主动、活泼、反应快、自私、没礼貌、浪费严重；相对于城里的孩子来说，农村的孩子淳朴、能吃苦、为人热情、学东西认真、不爱说话、反应慢。

我国高校分布广，高校的性质不一，也使不同高校的学生染上不同的个性色彩。北京的男生不拘小节，见多识广，大方健谈；上海的男生干净整洁，头发梳理得油光可鉴，皮鞋擦得一尘不染，也许嘴里还常嚼着口香糖什么的。

四、个性的个体差异

由于每个人的生理基础和社会化进程不同，同一种文化或同一个地区的人与人之间没有完全相同的心理面貌。这也正是个性魅力之所在。

1. 人是独一无二的

世界上没有两片完全相同的树叶。同样，世界上没有完全相同的两个人。同一父母所生的孩子，即兄弟姐妹若干个，在同一环境下长大，其个性也会各不相同。这就是说他们的智慧、能力、脾气、情感、意志等各不相同，也许哥哥学习特别好，既聪明又勤奋，也许妹妹接受能力很差，既怕苦又怕累等。根据对遗传最相近的同卵双生子的观察，他们在长相上几乎一模一样，穿戴也一样，连说话的声音、爱好也很相似，一般人很难判断谁大谁小。然而，在现实生活中，他们的父母都能辨别谁大谁小。最能区分同卵双生子的是他们各自的爱人，他们都能从微小的不同或各种感受中，如气味、动作等准确无误地找出自己的爱人。为什么呢？因为双生子遗传上仅仅是相似，而非绝对相同，生活条件相同而在接受知识（如读书看报、看电影等）以及交友等方面并非绝对相同，这些对一个人的个性发展都会产生或多或少的影响，这都是导致他们具有微小区别的原因。

因此，我们每个人都是独一无二的。

2. 个性无法克隆

所谓克隆是指动物的无性繁殖，这是一种生育的突破。因此，克隆技术目前在世界上正处在生物领域的最前沿。自从英国克隆出羊以来，世界上不少国家也克隆出了牛等动物。美国科学家宣称他们将在21世纪实现克隆人的愿望，但遭到了各方人士的强烈反对。假如允许克隆人，多克隆几个诺贝尔奖获得者等大科学家岂不也是一件大好事吗？然而，这种想法实在太天真了，即使把诺贝尔奖获得者的细胞拿来培育，还是会面临种种问题。其一，胚胎生长的环境是否与其母胎的环境一致？其二，这个“小科学家”诞生后其生长和发育环境是否与原诺贝尔奖获得者有同样的家庭环境、学校环境以及社会经历呢？答案是否定的。生存环境不能被“复制”，不同的环境塑造不同的个性，克隆人只能貌似而性异。所以，即便是从生物技术的角度能够“复制”一个生理上与你完全相同的“胚胎”，随着这个小“你”成长中的社会化进程，他逐渐变得不再是原本的你了。因为这个个体的成长过程不可能重复你成长的历史，遇到的是新的时代，新的同龄人，新的社会风俗，新的学校制度与学习的条件，新的发展条件，新的发展机遇……所有这一切积累的结果，将凝缩成一个完全崭新的“你”了，你想克隆你吗？除非你让历史重演！

第二节 个性的基本结构

个性的结构，一般包括气质、性格和能力三个方面。

一、关于气质

1. 气质是什么

气质的含义，古今中外都做过一些探讨。在我国古代，气质说最早见于《周易》《尚书》《内经》等著作。在西方，“气质”一词，则最早起源于古希腊，古希腊医生希波克拉第做过长期考察。可是，直到近代，随着科学心理学的发展，才形成了真正的科学概念。苏联生理学家巴甫洛夫对此进行了大量的研究。波兰心理学家斯特里劳在巴甫洛夫研究的基础上又作了进一步研究。

从心理学上来说，所谓气质即人们进行心理活动时或在行为方式上表现出来的强度、速度、稳定性和灵活性等动态性的心理特征。它既表现在情绪产生的快慢、情绪体验的强弱、情绪状态的稳定及气质变化的幅度上，也表现在行为动作和言语的速度和灵活性上。

2. 气质与生俱来

古代的人的气质与现代的人的气质是否一样？

一个地方的人的气质与另一个地方的人的气质是否一样？

许多人都存在着这样的疑问。气质问题正随着历史的脚步而越来越引起人们的重视，因为他们知道气质对于生活、对于生命的重要性。

那么，气质是不是与生俱来的？

先看美国心理学家托马斯的一段话："在许多儿童中这些气质的原始特征往往在随后的20多年发展阶段中保持。"

他这番话是在发现了儿童天生的气质差异以后说的。也就是说，出生不久的婴儿，他们就已经具有与别人不一样的气质了，而这种气质又将长期保持。即这种气质特征和气质类型是相当稳定的。

由于气质的形成有一个生理上的基础，因而，气质的形成，与每个人出生时的状况，是有着紧密的联系的。

为什么婴儿刚刚出生就已经产生了区别呢？比如说，一个婴儿与另一个婴儿，他们哭的方式、闹的方式，为什么是不同的？又为什么有的婴儿非常吵闹而有的则比较安静？

这个时候，作为婴儿，他们还没有受到外界的种种影响，所以，他们所具有的这些气质的差异，可以说明，气质是有着先天性的因素的，是与生俱来的。它是由人的神经系统的先天性所造成的。

气质与生俱来，如同风云变幻莫测。但每个人都有其固定的、与众不同的气质：或稳重沉着，和蔼可亲；或说话尖刻，让人无法接近；或开朗活泼，富于感染力，跟谁都容易亲近；或落落寡欢，使人感到郁闷，跟谁都难以相处，等等。气质可以从一个人的动作、表情、语调和待人接物的态度上推测出。

3. 现代气质分类说

巴甫洛夫把人的气质分为四种：多血质、胆汁质、黏液质、抑郁质。这种分类是根据神经活动的规律来分类的，是当今公认和使用的气质类型。它们分别具有以下特征：

（1）胆法质（兴奋型）。具有这种气质的人精力旺盛，行动迅速，思维敏捷，易于激动，性情直率，进取心强，大胆倔强，敏捷果断，但自制力差，性情急躁，主观任性，办事粗心，有时会刚愎自用。《水浒传》中的李逵就是典型的胆汁质。

（2）多血质（活泼型）。具有这种气质的人灵活机智，思想敏锐，善于交际，适应性强，活泼好动，注意力易转移，情感外露，富于创造精神。但往往粗心大意，情绪多变，富于幻想，生活散漫，缺乏忍耐力和毅力。红楼梦中的王熙凤就是典型的多血质。

（3）黏液质（安静型）。具有这种气质的人坚定顽强，沉着踏实，耐心谨慎，自信心足，自制力强，善于克制忍让，生活有规律，心境平和，沉默少语。但往往不够灵活，固执、严谨、因循守旧。

（4）抑郁质（抑制型）。具有这种气质的人对事物敏感，做事谨慎细心，情绪体验深刻，沉静含蓄，办事稳妥可靠，感情沉稳持久，但遇事往往缺乏果断和信心，多疑、孤僻、拘谨、自卑。红楼梦中的林黛玉就是典型的抑郁质。

以上为典型气质类型，近似其中一种者为一般型，这种人比较少；具有两种或两种以上类型者为中间型或混合型，这种类型在人群中所占的比例较多。

4. 气质与性格的关系

在人们用智能、才能、性格、气质之类的词来表现人的精神活动中，其中包含着从父母那里遗传性地继承下来的东西和在出生后的生长环境中所学到的东西。

所谓气质，是本人无法左右的，从父母那里遗传性地继承下来的、先天就具备的本能的部分（体质）。

所谓性格，就是在成长过程中，在所处环境中接受各种事物的影响、后天培养而形成的理性的部分（性质）。

虽然“气质”和“性格”融合起来可称为个性，但是性格与气质并不是并立的。性格的基点是气质，性格以气质为基础并因气质所应有的特征形成各种各样的性格。

因性格的基点是气质，所以即使处于相同的环境之下，因存在着心理差异，人们承受的环境影响的方式也会有所不同，从而形成了每个人具有不同的性格。

二、关于性格

1. 性格的基本特征

性格是人对现实的态度和行为方式中比较稳定的、独特的、心理特征的总和。而作为个性中的性格具有以下两个特征。

首先，现实态度的个性特征。这是指人在生活实践中，对作用于他的客观现实通过认知、情感、意志等心理过程，反映在头脑中，并逐渐固定下来，形成个人独特的、一贯的倾向。比如，我们对使自己愉快的事物就愿意去接近，对不愉快的就嫌弃和回避。也就是说，在人对社会、集体、自己的态度中所表现的如为公或偏私、勤奋或懒惰、谦虚或骄傲、勇敢或胆怯都属于性格特征。

其次，行为方式方面的个性特征。这是指在人生观和价值观指导下的各种生活活动的典型方式和特征总和。人生观和价值观一旦形成，就会具体化为个人的行为意识，推动和调节着行动，使人的各种行为具有稳定性和一致性，从而反映出个人的性格特征。

从上述分析可知，性格是某些心理特征在一个人身上的有机结合，体现出一个人的独特风格。

性格作为个性的一方面，又具有社会制约性。

在现实生活中的每个人，在成长过程中，都能意识到社会现实给予他的影响，都会间接地或直接地学习着为人处世的方式，面对这些影响，会产生特定的反应，通过观察周围其他人对事物的态度和行为方式，学到某些性格品质，并在日后的生活中，逐渐构成其行为特征。

另外，人的性格的社会制约性还表现在性格品质的道德评价意义方面。一个人做什么，如何做，总是与他对世界、对别人、对自己的事业以及对自己本身的态度相联系的，受个人的观点、信仰所支配。由于人的行为总是涉及人与人之间的关系，其行为的后果要么有益于社会，要么有害于社会，那么其性格自然要受到道德规范的约束。

2. 荣格的性格学说

瑞士心理学家、精神病专家，曾担任过巴塞罗大学教授的古斯塔夫·荣格的性格学说在精神心理学被广泛认可和接受。的确在很多的性格学说中，从实用的角度来讲，荣格的性格学说无疑是最佳的。

（1）两种性格。

荣格首先把性格分为内向和外向两大类。

例如，一种人将自己封闭在某个圈子里，自己考虑什么别人无从得知，他们时常表现为怯弱（内向型）。另一种人则与此相反，坦率、善于交际、开朗、去影响周围也不阻止来自周围的影响（外向型）。这两个例子不是彼此毫无关联的个别例子，而是两种典型的“根本态度”。

外向型的人依据客体进行思考、感觉和行动。这种人的关心随客体而变动，脱离主体，变换移动到客体之中。因此，这种人受到客体强烈的影响或制约。与此相反，内向人的关心不随客体而变动，而是从客体退出，返回主体。如认真观察内向人的思考方法、感觉方法和行动方式，即可明白所有动机的根源都是来自主体，而次要的方面，才来自客体。

以与某个外国人交际的方式为例。外向的人具有强烈的好奇心，对这个外国人抱有很大的兴趣，一味模仿，能接受的就接受，甚至会达到“失去自我”的程度。内向型的人则以此交际为契机，反省自己的生活方式、思维方式和感觉方式等，检讨自己作为中国人的长处和短处，如果有所改变，也是向自己喜欢的方向变化。

外向型的人对于环境中的人物及事物以积极的姿态作出反应。关心外界的事情，强烈地受外界的影响，同时去影响外界。在不太了解的环境中能无所畏惧地行动，并与周围的人建立良好的关系。内向型的人对于环境中的人物及事物则以消极的姿态作出反应。不是由外界，而是由自己内心的主观性因素来决定自己应采取怎样的行动，不关心外界的事情，也不喜欢受外界影响或去影响外界。因此，这种人易变为封闭的不爱社交的人，他们更愿过自我反省的生活。

但是，很多内向型人可能都有过类似的情况：外向型的人那么开朗活泼，他们积极乐观，多么令人羡慕呀！再想想自己，生活阴沉，不那么受人欢迎，那么令人乏味……然而，内向型性格并不那么令人可怕。

首先，外向和内向性格各有长短。以交友为例，具有外向型性格的人对围绕着自己的人和环境表示出强烈的关心和兴趣。因此，自然交友范围广泛，比较容易适应新的环境。另外，因为采取积极的态度，自己的意见容易传达给别人。一言以蔽之，这是容易适应社会的类型。因此，乍看起来，外向型性格的人好像占便宜，但是，内向型性格的人就真的吃亏了吗？也不尽然。

内向型的人确实在广交朋友方面，在适应新环境方面比较笨拙。但是，一旦交上朋友能进一步加深友谊，而且不像外向型的人那样，因担心周围的议论而苦恼。另外，内向型的人追求自己的内层面，因而较容易发挥自己的想象力和创造力，而外向型性格的人的想象大多是常识的、平庸无奇的。

如上所述，各种性格的人都有自己的长处和短处，关键是了解自己的性格倾向，选择与此相适应的生活方式。

其次，任何性格都有其两面性。在荣格的性格学说中，性格可以分为内向和外向两种类型。但是，荣格并不主张把所有人都归为这两种类型中的一种，也不主张把所有人分为两类。他认为任何人身上都存在着这两种截然相反的性格倾向，只是在每一个人身上这种倾向所占的比重不同而已，从而显示出一个人是内向型还是外向型性格。

例如，某人想尽方法对周围的人设防，采取冷淡的态度。谁都认为这个人是内向型的，连他本人对此也深信不疑。但是，在这个人的内心深处却蕴藏着他人及他本人都未曾注意到的洋溢的热情。一个平常沉默寡言、不愿在大庭广众之下喋喋不休而大出风头的人，有时会突然提出尖锐的问题，并滔滔不绝地讲述自己的信念，使人以为认错了人。不论是谁都或多或少具备这种两面性。

内向或者外向的性格是天生的吗？它可以得到改变吗？

荣格认为，外向和内向是由天生因子，即生来就有的性质决定的。实际上，从对周围的事物还不太感兴趣的孩提时代，就已经分出了开朗活泼的外向型孩子和只与玩具为伴的内向型孩子。但是，父母的教育和环境对性格的形成也有巨大的影响。举个简单的例子，如果一个健康向上、朝气活泼的孩子要是总被大人叱责“老实点儿？安静一些！”他也会变得垂头丧气而爱好安静的。另外，在孩子长大以后，他们要面对社会，接触社会。即使原本很内向的人经过自己的努力，注意发展自己外向的一面，他也有可能会发展成为性格开朗、善于交际的人。

（2）四种精神机能。

在荣格的性格学说中，首先作出的分类是内向和外向，接下来便要阐述四种精神机能。根据荣格的定义，所谓精神机能，即“在种种不同的条件下，原则上不变的精神的活动形式”。那么，你的优秀机能是什么呢？

A. 思考机能——把事物概念化，并理论性地判断、理解事物的理智的机能。

B. 感情机能——对事物进行价值判断的机能。荣格认为，所谓价值判断就是“接受或排斥”的判断。这与依据理论的理智判断截然不同，是一种主观性判断。因此，感情也属于合理的机能。例如，对一个异性具有对其他众多异性所不具有的爱情，就是一种价值判断。愤怒、喜悦、恐惧等也同样。

C. 感觉机能——通过感觉器官（眼、耳、鼻等）最直接地具体地认知事物的机能。不仅认知来自外部的刺激，而且也认知内部刺激（如空腹以及其他身体上的变化所产生的刺激）。

D. 直观机能——通过无意识的方式向我们传递知觉的机能。

思考机能和感情机能是适应于理性的机能。因为必须进行思考，所以是合理性机能。与此相反，感觉机能和直观机能则是理性之外的机能，它们是以直接感觉表现事物的图像为特点的，所以是非合理性机能。所谓合理性，就是规定概念、判断善恶、评价美丑、喜好和讨厌，所谓非合理性，并不意味着反理性，它不参照法则、体系、价值观进行判断和评价，而是从根本上迅速地接受出现的事物。

这四种根本机能并不是均衡地发展的。一般来说，其中一种机能高度发达，而其他机能相对落后。因为对于人来说，那种使自己最得意的机能（或为取得社会性成功，提供给人的最有效的机能）往往最为发达。因此，个人主要依赖的机能只有一种，它被称为“主要机能”，不发达的机能称为“劣等机能”。所谓“劣等”，不是弱的意思，而是指不发达和未分化。

思考机能在意识中占优势，称为“思考型”；如果感情机能占优势，成为主要机能，称为“感情型”；同样，“感觉型”“直观型”也如此，一共分为四个类型。

举例：

去希腊的克里特岛访问克罗索斯宫殿废墟时，“思考型”的人首先会对3500年前用什么技术建造这座地上、地下四层的宫殿感兴趣，并进行实地考察。“感情型”的人，就会以“感觉好”或“感觉不好”的方式来感觉宫门、国王宝座室、王妃的居室、观望台里的壁画、装饰图案、色彩等那个时代的人所具有的审美情趣。“感觉型”的人，会对像爱琴海一样碧蓝的天空与朱红色柱子的对比和放在角落里的缸有深刻的印象。"直观型"的人，则在瞬间从柱子上的与螺旋花样相似的图案，联想到古代人的生死观和人生观，他们会感到超越时空的"永恒"。

(3) 八种性格类型。

根据两种性向和四种根本机能，荣格把性格分为八种类型。

1. 外向型思考类型——"现实"主义

这种类型的人，喜欢理智的生活，努力使自己的整个生活都遵守被赋予理性的原则。所谓被赋予理性的原则，就是一般被社会普遍承认的规范。这些人不以自己随意的独断作为判断的基准，他们的判断具有客观性。他们能出色地把握各种客观的事实和条件，遵循在深思熟虑的基础上得出的结论，并使自己的行动理性化。

这种类型的人，不仅对自己，而且对自己的周围也使用这个标准。在与周围人的关系方面，不论测其善恶，还是定其美丑，一切都以此作为最高标准。

例如，他们以"在这样的时代，现在所处的环境和状态下，应采取如此这般的生活态度"或"应该采取如此的运营方针"这种标准，作为一种生活信条或运营原理，即"模式"，完全顺应时代、环境和具体状况。就此意义而言，这种类型的人在顺应时代的潮流方面极为敏锐和出色。但是，因为过于跟随潮流，他们也给人一种"近视"的印象。如果"模式"僵化，就会给人一种缺乏自由豁达的感觉。

这种类型的人，不仅使自己服从"模式"，而且要求周围人效仿自己。因为，他坚信只有这种生活才能幸福，才是最佳的生活方式，而非理性和非合理的生活方式则是错误的。

因此，如果这种"模式"宽容，这种类型的人就是教给他人贤明的生活方式的人，或者是有能力建立组织的人。他们能唤起人们的良心，能在社会或工作岗位中进行改革，在事业经营方面具有统率力。

但是，如果“模式”缺乏灵活性，这种人不仅会使自己，而且也会使他人陷入一种模式。他们自以为是、事事都提出意见、善于诡辩或好发牢骚。由于强求像“模式”一样的生活方式，有时会给家属和亲属造成麻烦。

以上是两个极端，这种类型的大多数人，位于这两个极端的中间。

这种类型的人，因为思考占优势，所以，属于感情的东西被压抑，美的活动、兴趣、艺术鉴赏、交朋友等方面被阻碍和排除。如果感情过于压抑，被压抑在无意识中的感情就会反抗，那么也许会产生连他本人都不知其由的结果。

有时，这种类型的人感情劣势性以别的方式表现出来。为了实现“模式”，无视对个人的关心，甚至无视自己或家属的健康、经济和爱情。虽然被周围的人称赞为心地善良的人，但在家中，特别对自己的孩子像冷酷的暴君，动辄发怒。有时发怒会变成挖苦、讥讽或气势汹汹的说教，而且对反对“模式”的人抱有仇恨或憎恶，唯独狂信自己的“模式”。

“外向性思考型”以男性居多，这是因为与女性相比，思考机能是男性更占优势的机能。

2. 内向型思考类型——“理想”主义

这种类型的人与“外向型思考型”相同，也追求理念，只是其方向相反，不是向外，而是向内。这种人善于在自己的内心构筑并发展理念的世界，总是富有积极性，不会因麻烦、危险、被视为异端或唯恐伤害别人感情等理由而停止不前。

然而，这种人却不善于把其理念付诸实践，很多人的实际能力和实干能力不太出色。因为他们不把客观的材料当作问题，而是纯粹为理论而理论。其追求理念的方法主观、固执，不接受他人的意见。

对待周围的人，只是消极地关心，甚至毫不关心，因此，别人会感到自己像讨厌者一样被他拒绝。这种人一般给周围人以冷淡、任性和旁若无人的印象。

与此相反，这种人有时对周围的人也表现出礼貌和亲切，但其态度总让人感到生硬。这是因为，这种人对来自他人的妨碍感到不安，为有备无患，才采取这样的态度。

所以，虽然表面礼貌殷勤，但只要仔细观察，就会发现其“貌似恭维，心实轻蔑”，而且，因其表示好感的方法非常笨拙，会让人感到冒失和不稳重。

这种人容易引起周围人的误解，不擅长社交，也不知得到他人好感的方法。与其亲近的人会极其赞赏这种人的亲切态度和丰富的内心世界，但与其疏远的人，却认为这种人冷淡、难以取悦、难以接近及傲气太大。但这种人并不是骄傲自大，如前所述，在构筑内心理念方面有勇气，敢于做大胆的冒险，而一与外部现实接触，就显得怯弱、不安、想法设防。

不愿自我吹嘘是这种人的美德，因为他本来就不在意别人对自己的评价。但有时遇到非常理解的人，就会立即给予对方过高的评价。这是这种类型人的劣势机能对无意识的感情漠然。

这种类型的男性，有时会轻易地迷恋善于笼络他这种不谙世俗、不善处世的人的女性，以及尊敬他或懂得吹捧窍门的女性。一旦被这种女性所欺骗，这一次痛苦的经历，就使其成为“讨厌女性”的人。

这种类型最典型的例子，就是建立了宏大的理念世界和“理想王国”的哲学家康德。当这种类型异常偏激、乖僻时，一个人就会变成只对自己抱有信心、缺乏灵活性、独断偏见的顽固者。一般来说，这种人在自己的专业领域常常遭到竞争对手的反击。与论敌公然论战无可非议，但这种人的劣势机能的感情如显露出原始状态，就会表现出狠毒的感情性纠葛，不加掩饰地暴露出个人的愤怒情感，以致被周围所孤立，使大家都不愿与其为伍。因其判断带有主观性而不符合现实、不注意与周围的事及人的关系而产生摩擦，是这种人的短处。他们常被人认为是奇特的，与众不同的人物。

3. 外向型感情类型——“从众”主义

这种类型的人，女性占绝对多数。属于这种类型的女性，都想采取任随自己感情的生活方式。其感情比较顺应周围的状况，她们的价值判断也同样。例如，对美术馆悬挂的署名是有名画家的作品，就毫无异议地评价“真是一幅好画”，一般自己不做出相反的评价。对人们普遍认为有价值的东西，也就单纯地认为有价值。所以，这种人较随和，在人群中可形成和谐的气氛。

最能清楚地表现女性这个特点的是选择结婚对象。女性在择偶时，不是看对方是否符合自己的喜好，而是看他的身份、年龄、职业、收入、身高、家庭环境等，是否符合常规要求。与其说是自己喜好，不如说是符合社会的标准。所以，如果丈夫是懂得常识的人，她就非常热爱自己的丈夫，成为好妻子，并成为好母亲。总之，这种人机灵可爱，被很多人所喜欢。当然，这种类型的人，由于其感情机能占优势，所以，思考机能就会被压抑。但思考机能并不是不发挥作用，正相反，这种类型的人思考机能不仅很好，而且能出色地发挥作用。只是，这种人不是为思考而思考，只是感情的附属品，是为服务于感情才发挥作用的。

如果这种类型的女性过于顺从，就会丧失感情中的富有巨大魅力的个性。不仅如此，还会使人感到浅薄、玩弄花招和装模作样。在第三者看来，这种人的主体性完全埋没于感情之中，刚才还是这种感情，而一瞬间又变成另一种感情，难免给人见异思迁、变化无常的印象。

这种类型的人，虽沉溺于感情之中，但大都具有良知，显示出健全的生活态度。自己的感情虽外露，但与人关系良好、善于社交，这都是长处，但是，如果丧失了主体性，就会暴露出上述的短处。

4. 内向型感情类型——“含蓄”主义

这种类型的人，女性居多。这种人的感情受内在的主观因素支配，其感情的发展程度从外部很难窥知，少言寡语，难以接近，遇到粗野的人就会立即躲开。因此，在别人看来，这种类型的人是沉静、彬彬有礼及性情不可测的人，有时也被认为是忧郁的人。但如果对他人过于回避，就会被人猜测为“这个人对他人的幸福和不幸都无所谓吧”。

事实上，这种人“认生”，对初次见面或毫不相关的人，不会表现出热情欢迎的态度，而是采取冷淡或拒绝的态度。总之，他们对外界漠不关心。

但是，这种人也不是没有业余爱好或被令人兴奋的事情和人物所吸引的时候。在那种情况下，这种类型的人一般采取善意的中性态度；根据情况的变化，也表现出轻微的优越态度或批判态度。因此，给人一种高高在上的感觉。

但有时激烈的感情也被无意识所俘虏。但是，这股热情过后，她就开始对男性显露出轻微的蔑视，或把对方看作绊脚石。这种类型的女性，想使自己与对方的感情停留在平静、均衡的状态，而禁止过于投入的感情。所以，在陷进去之后，就刹车并开始轻视对方。

鉴于这种情况，只看到这种人表面的人，就会轻易地认为这种人“冷淡”或其本来就没有感情。但是，这种估计有些偏颇，这种人只是抑制和不表露感情，而内心却蕴藏着热情。这种人富有同情心，一旦同情某人就不仅仅停留在表面上的同情，而是极为深切的同情。他们会毫不虚假地去安慰、鼓励对方。由于什么也不表露，所以周围的人，特别是外向性的人认为这种人非常冷淡。但是，有时其深切的同情也会溢于言表，并做出令人惊奇的、崇高的或自我牺牲的献身行为。

为什么会有这种行为呢？其理由有时她自己也不明白。这种类型的女性，能强烈地吸引外向型男性。因为她感情含蓄，虽然诸事被动、谨慎，但却有一种优越的姿态，这种无法透视又让人眷恋的神秘气氛，抓住了外向型男性的“无意识”。

如果无意识的思考机能（带有外向型倾向）发挥补偿作用，当然最好，但是如果产生反抗，这种人就会为他人如何看待自己而苦恼。其结果，为压倒对方，就去收集很多情报，玩弄计谋花招，致使对方神经疲惫。与“外向型感情类型”患的神经症——歇斯底里相反，这种类型的人易患精神衰弱症，俗称是神经衰弱症。

5. 外向型感觉类型——“现实”唯美主义

这种类型的人对于客观事实的感觉机能非常发达，他们注重具体事实。在通过感觉具体地享受某种乐趣时，就会切实感到自己正品味着人生的快乐。

因此，如果是高尚的表现方式，就是情趣高雅的唯美主义者。自己的感觉提高到纯粹美的极限，达到一般水准的人们所不能理解的艺术境地；即使不到这种程度，也是具有优雅情趣的人，使周围的人认为“此人是有如此高雅情趣的人，过着自由奔放的生活，所以，他们的生活奇特、思维方式与众不同也是理所当然、不得已的吧”。而且，有的人借助于思考机能帮助，在某个领域发挥收集资料的本能，收集到大量的资料，并成为这个领域首屈一指的人。

如果是普通的表现方式，就是轻松、愉快的人。这种人非常关心每天的晚餐是否有美酒佳肴、电视节目是否有趣之类的事情。不论是味觉还是听觉、视觉和触觉方面的事，只要能让人愉快，就感到满足。就此意义而言，他们是不坏的快乐主义者。

与“外向型思考型”不同，这种人不以“模式”和理念规范自己，也不追求理想，对他们而言，重要的是热爱、喜欢现实。因此，这种类型的人非常好客，愿意热情招待，谈笑风生。约会时，不使对方感到无聊。服装和随身用品都很讲究。但是，如果采取过于拘泥于现实的生活态度，就会给周围人留下一种爱讲排场、虚荣心强的印象。

一般这种类型的人不把道德放在重要位置，这绝不是不道德而是他们不想被道德之类的东西所束缚的痛苦生活，他们要活得自由奔放。但是，如果无意识的反抗增强，在日常生活中，就会带有比道德、宗教更强烈的迷信色彩，或把可笑烦琐的仪式引入生活。除此之外，还有不少人表现出极端固执的生活态度。

6. 内向型感觉类型——“理想”唯美主义

这种类型的人，如果具有出色的表现能力，就会成为主观表现欲极强的艺术家。例如，描绘风景时，既有像照片一样忠实地进行描绘的画家，也有与实物完全相异地进行描绘的画家。对后者来说，风景这个对象本身并不是问题，对象作用只不过是媒介，不必拘泥于对象，而应融会由对象的刺激所触发的主观感觉。“内向型感觉类型”恰恰属于后者。画家夏加尔曾反驳人们对描绘空想世界的批评，他说：“不是那样，我始终在描绘现实的世界和内部的现实。”

可是，通常这种类型的人不仅不具备这种表现能力，反而不善于表现。因此，在第三者看来，这种人大多是令人很费解的。在对待常识的态度上，具有谨慎、被动、平静及理性的自我抑制等特征。

这种人一般对周围的人不会造成伤害，但容易成为他人攻击和支配的牺牲品。由于这种人不太关心他人怎样对待自己，所以，即使被不适当地对待，也容易采取听之任之的态度。即使被别人颐指气使，也会甘心忍受。但有时，他也意外地发挥其反抗性和顽固性，以发泄自己的愤怒。

7. 外向型直观类型——“冒险”主义

这种类型的人，具有把握隐藏在客观事实深处的可能性的能力。他们认为，重要的不是现实，而是可能性。所以，这种人不断地追求可能性，感到日常安定的生活环境像监狱一样令人窒息，一旦热心于追求可能性，他们就会显示出异常的狂热状态。但是，一旦看到没有再飞跃发展的希望时，就立即冷淡下来，或者干脆放弃。

例如，对某项事业的计划简单地认为“这个计划将来有希望”，对自己的直观能力很自信，所以，就勇往直前。从这个意义上讲，他们是冒险家。当他们事业走上轨道、趋向安定之后，一般认为继续从事这个事业更为安全有利，但这种人却想转向别的工作。

一般认为，这种人的生活原则，既不是理智的，也不是感情的，而是依据自己直观的、独特的原则。所以，一般不去故意违反被普遍接受的道德、法律和宗教，但这些道德、法律和宗教也不会成为这种人的行为模范。他们不尊重周围人的观点、主张和生活习惯，为此，有时被看作不道德、冷酷、鲁莽的人。在企业家、商人、投机倒把者、政治家中，属于这种类型的人不少。

但是，这种类型的人，女性比男性多。女性的直观活动能力，与其说在职业方面，不如说在社交的舞台上。这种女性有利用一切社交的可能性，去与有势力的人熟知乃至亲密接触的能力。在选择交际或结婚对象方面，她们能敏捷、迅速地寻找到有前途的男性。但是，如果出现新的其他可能性时，迄今所得到的一切，她们就会全都放弃。

不论男女，如果向好的方向发展，就是各种事业的创造者。又因为他们对他人所蕴藏的某种能力和才能有预感力，所以他们既能成为培养有能力者的人，又能给同伴带来对待新事物的勇气和力量，其方法新颖活泼；他们生动地描绘新的可能性，能使听者情绪高涨。这绝不是玩弄把戏，而是自己对这种可能性坚信不疑的结果。打个比方，由于这种人热心于播种，而播种完之后又想移向其他田地，收获总由他人完成，所以，这种人还有浪费人生之嫌。在思考和感情所做的判断不起辅助作用用时，就有吃亏的危险性。

8. 内向型直观类型——“梦想”主义

这种类型的人，最出色的，可成为预言家或艺术家。因为，内向性直观虽然对外界对象的刺激有所反应而开始行动，但它不把注意力集中于外部的可能性，而是集中于由外界事物诱发的隐藏于内在的事物。

如果是艺术家，这种人的绘画和雕刻，既美丽又新奇，既崇高又变化无常。总之，这种人的作品都是脱离现实的离奇的作品。如果只是梦想家，那么很多人就是不被社会承认的天才，就是没有发挥才能机会的大人物，给人以做事漫无边际、不可捉摸、不知其愚蠢还是聪明的感觉。

这个类型中直观性一般程度的人，给人不愿意与现实接触，也不努力适应现实的印象。对这种人来说，无论现实怎样都无所谓。事实上，外界的人物、事物及其他一切对这种类型的人员不过是刺激。自己本是社会的一员，但作为社会的一员会给周围的人带来什么影响，他们对这种意识非常淡漠。所以，在外向型的人看来，这种人极度轻视世俗的杂事。

三、关于能力

1. 什么是能力

在个性的结构中，能力很重要。因为能力是一个人顺利地完成某种活动所必备的心理特征。这里所指的能力不是单一的，而是指人的综合能力。如果一个人的各种能力在活动中能够有机而完善地结合，并能经常创造性地完成一种或多种活动，那么，他的人生将是成功的人生。

能力作为个性心理特征，它存在于个性之中。由于个性能把能力的各方面有机地结合起来，才使得每个人身上都表现出自己独特的风格，表现出个性差异。比如，人的认识活动总是要受到注意选择性影响，一个人为什么感知这些问题，而忽略另一些问题；一个人采用什么方式对输入的信息进行筛选加工等，这些问题在不同人身上有不同的表现。

能力通常又分为认识能力与操作能力两种。认识能力是指在完成各种活动中最基本的心理条件，在各种活动中都不能缺少。操作能力是指身心并用去完成实际工作的能力。操作能力对人在个性化时代选择成功职业大有帮助。

2. 能力的划分

从心理学角度来看，能力也可划分为一般能力和特殊能力。

（1）一般能力。

一般能力是指在不同种类的活动中表现出来的共同能力。包括观察能力（指对事物全面和细致的分析能力，主要指直接的知觉能力）、思维能力（指对事物的分析、综合、抽象和概括的能力）、语言能力（指概括水平和思想的表达能力）、想象能力（包括再选想象和创造想象，它对人成功地进行一般活动是必需的)、记忆能力（记忆的速度、准确性、巩固性和准备性等对人类知识的积累能力）等，这些都是形成个性的重要心理条件。

（2）特殊能力。

特殊能力是指从事某种专业活动所必需的多种能力有机结合的能力。任何一种专业活动都要求与该专业内容相关的几种能力的结合。比如，从事音乐的人所具有的音乐能力可划分为四种基本成分，即音乐的感觉和知觉、音乐的记忆和表象、音乐的感情以及音乐的动作。再如绘画能力包括对象结构知觉及表象能力、对物体空间位置的敏锐和完善的知觉和表象能力、对物体高度比值的评定以及色调的知觉和表象能力、与描绘方法、技术有密切关系的手的精确动作能力。

一个人具备了一般能力和特殊能力，就为他从事个性职业提供了成功的保障。一个人要顺利地完成一项活动，既要有一般能力，也要有特殊能力。特殊能力是一般能力在活动中的具体化。因为任何特殊能力都是经过一般能力的专业性训练发展起来的，同时特殊能力的具备还离不开知识和技能的学习。一方面，一个人的能力对知识和技能的掌握是不可或缺的。首先，能力是掌握知识、技能的必要前提。缺乏感受能力的人，就无法获得感性知识。不具备抽象、概括、推理和判断能力的人，就不可能领会理性知识，也就不可能掌握它。其次，能力的高低直接影响着知识的掌握，技能的难易、速度和程度，也影响着对知识的运用。另一方面，一个人掌握一些不定期的知识和技能，会促进他的能力的提高。任何能力的发展都是以知识为手段来实现，以螺旋式的运动形态完成。成功是阶梯式的，在积累已成功的经验基础上，人们将会向新的成功进军。

由此可见，一个人的能力怎样与他的知识积累和技能掌握情况，有着不可分割的关系。尤其在这个重视知识的时代，知识越丰富，成功的机会就越多。而有知识同时又有个性的人，将会取得可喜的成就。因为个性人生也就是创造人性。这样的人生不但能实现其存在价值，还能够拥有幸福美满的生活。

第二章

个性的自我测试

第一节　根据血型测试个性

来自日本的学说根据血球中的凝集原和血清中凝集素的不同结合，可以把血型分为O、A、B、AB四种血型。由于血型和人的生活紧密相连，因此，有人用血型的不同来判断人的不同个性，探讨血型和个性二者之间的关系。

一、血型种类

1. A型血

A型血的人多为抑郁型。不论处在什么环境都能适应，而且可以安然相处。他们做任何事情总是小心翼翼，能谦虚忍让，责任心强。他们往往自律谨严，循规蹈矩，按部就班，遵守规章制度纪律，有团结合作的精神，有“集体主义”精神。不愿独立行事，也不愿突发奇想，少有好高骛远的行为。重形式，求稳定，同时也显得消极和保守。

A型血的人是情感型的，有时显得有点儿神经质，但有高度的耐心和锲而不舍的精神，能理智地面对感情和婚姻，在面对挑战时，尽管过于在意别人的看法，却会不屈不挠坚持下去。

A型血的人常常自己不信任自己，由此发展到也不相信别人。

2. B型血

B型血的人多为多血质型。自由浪漫，时间观念较差，但头脑灵活，见解丰富，有卓越的独创性。比较自我，更容易自我关注。有人这样开玩笑，说B型血的朋友如果认为汤里放葱很好吃的话，无论你如何解释你并不喜欢葱，他也一定会毫不犹豫地在你的汤里也放上葱，以示他的关心和爱护。

B型血的人为人直率，对任何事情都想得开，活跃乐观，外向，对人热情，可以一视同仁地去和任何人交往，却不十分善于言辞，不容易成为大集体中的一员。

然而他们一般缺乏准主意，没有常性，对任何事情都不留恋，很大胆但不慎重。他们在行动上不扎实，有点爱夸大事实。

3. AB型血

AB型血的人多为黏液质型，比较公正客观，能全面考虑问题，细腻而权衡，可以十分合理地去行动，属于“事理分析型”。感情比较丰富，心理世界复杂。AB型血的人可以有两种表现，一种是外表更像B型血的人，比较开朗乐观；另一种则更像A型血的人，比较稳重含蓄。有人认为AB型血的人更适合当中国式的领导，因为他们能全面考虑问题，深思熟虑，并能兼顾各方面的利益，表达上也会委婉。

4. O型血

O型血的人多为胆汁质。个性开朗、果断、讲义气，与人交往能坦诚相待。同时个性冲动，心直口快，容易得罪人。但个性豪爽，对不愉快的人和事不会记恨长久。他们只注重自己的感受，容易忽视他人，竞争意识强，争强好胜，有较强的控制欲，有领导他人的欲望及才能，积极进取，有冒险精神。这种人适合在企业的创业期担当领导职务。

从个体的血型与个性而言，血型更多地代表这个人的特点。那么，作为一个群体、一个民族来说，不同的血型分布也会有不同的群体性格或民族性格。

二、血型分布

放眼全球，在不同的国家和不同的地理环境中，血型的分布是不同的。

欧美国家以O型血人为多，尤其在美国，O型血占绝大多数。亚洲开始，B型血逐渐增加，尤其蒙古与中国，B型血是占多数的。吉卜赛民族也是B型血居多。在日本、韩国和德国，A型血又占了主宰地位。

不同的血型分布是否在某种程度上决定了不同的民族性格？很多专家对此提出了自己的见解。以中国为例。有人分析，中国四种血型均有，其中B型血人较多，O型和A型居中，AB型的人最少。这样的血型分布使中国人的民族性格有了一个最好的注解。

常说中国人是一盘散沙，又有人说，中国人每一个人是一条龙，但几个中国人在一起就变成了虫。这都是说中国人各行其是、没有合作精神的性格特点。这是因为B型血的人总认为自己是最重要的，他们总是在考虑如何调节好自己的情绪，提高自己的素质，加强自己的涵养，来适应周围的环境。他们不太在意自己在一个团体中的形象与地位，因此在结成的团体中最缺乏相互吸引和合作的态度，一旦有外界来的压力时往往各奔东西。

吉卜赛民族热情奔放，浪漫自由，不愿受制约，没有时间观念等特点，也是有B型血的特点的。

以O型血为主的美国人个性都很强，关心自己，重视自我的权利和自由，忽视他人的感受，也忽视与他人的交流与沟通。同时他们也充分尊重他人的权利，不干涉别人的自由，也不过问别人的隐私。这是一种“你的自由到我的鼻子为止”的美国式自由。

另外，由于O型血的人缺乏交流和沟通，对陌生人的戒备心理是很强的，因此很重视结交朋友。这种朋友是一种基于对抗共同敌人的伙伴意识。这种伙伴意识是在面对共同的敌人或困难前的结盟，我们从美国国际上的“伙伴关系”以及美国大片中的灾难意识中会发现这一点。有人认为，O 型血的人在面临共同的困难时，会有强烈的危机意识，由危机意识会上升为一种并肩作战的感情。这是否是血型带来的民族性格呢？

再来看德国与日本。这是两个以 A 型血为主的国家。德国人的严格自律、遵守规则、有条不紊的民族性格是世界闻名的，德国的车也是精制细腻质地优良的。而日本人有很强的“集体主义”精神，他们服从集体，向集体妥协，希望把自己融入集体。这是一种以集体为根本生存目标的心理归属感。日本的企业非常倡导“终身制”的企业运行方式，企业就是员工的精神信仰和心灵支柱，强调每个人都为集体服务，甚至不惜牺牲个人的利益。日本很多世界知名企业就是靠员工这种集体主义和团结协作的精神发展到今天的。

第二节 从兴趣爱好看个性

兴趣是了解个性的镜子。兴趣包括对知识类型的爱好，如有人喜欢自然科学、有人喜欢文学艺术等，还包括对颜色、形状、物品等的喜好。人的兴趣可以折射出一个人的个性特征，这有助于我们了解人、认识人；俗话说“武大郎玩夜猫子——什么人玩什么鸟”，讲的就是人的个性品质与兴趣是一脉相通的。下面我们就具体地看一看各种兴趣爱好与人的个性的关系吧。

一、对知识游戏的偏好

1. 读书与性格

常读某种书能反映出一个人的性格，有学者调查发现，喜欢阅读以下种类书籍的人的个性特点分别是：

时事新闻报刊：富于现实感，意志坚强，善于接受新事物。

漫画：无拘无束，游戏人生。

《圣经》：尊重权威，诚实勤恳，宽容。

言情小说：直觉性强，热情乐观，易从挫折中恢复。

人物自传：好奇心重，野心大，且善于权衡利弊。

历史：不尚空谈，更愿意做实质性、建设性的工作，创造力强。

时装杂志：注意身份、形象。

妇女杂志：希望事事都出色。

财经杂志：喜欢争强好胜。

科幻小说：富于幻想和创造性。

恐怖小说：深感日常生活平淡。

侦探推理小说：喜欢思想上的挑战，解决问题能力出色。

2. 音乐与性格

一个人喜欢什么类型的音乐，也受他的个性的影响。

古典音乐爱好者，多重地位威望，喜欢优美之物，物质欲较强。

沉湎于自己青少年时代流行音乐者，看重友情，极易怀旧。

喜爱哀怨曲调者，多感情丰富。

嗜好民间音乐者，健康乐观，社交活动频繁。

爵士乐爱好者，爱思考，关心他人。

进行曲的欣赏者，处世冷静实际，不求完美，不易惊喜。

喜欢崩乐，性格孤僻而乐于与众不同。

嗜好电影音乐者，多乐观爱幻想。

欣赏摇摆乐者，充满活力，做事自觉主动，情绪波动大。

喜欢打击乐者，对生活要求不高，知足，爱说爱笑。

二、对服饰和色彩的爱好

我们有时把衣服称作“人体的自我延伸”，认为“衣服是人的第二层皮肤”。人们自己选的衣服当然与其本人有着微妙的联系，所以，我们能够通过一个人的服装来判断他的性格、意向、心理和情感。

1. 服饰与性格

如爱穿西装的人追求庄重、严肃；爱穿夹克衫的人显得随便。喜欢穿衣袖长于手臂服装的女孩，说明她需要保护。喜欢穿深色直条纹西服的人，大部分是属于懦弱或神经质类型，为了掩盖自己内心的不安，他们更需要表现得强硬一些。

2. 佩戴装饰与性格

经常改变自己形象的人，心中具有两种相互对立的强烈欲求。他们对现实生活有许多不满，于是就想在其他场合中得到满足。还有一些人，每次相遇，穿着都不尽相同，让人难以琢磨。这种人属于情绪不稳定型，或许是想逃避目前的工作，又不敢正视现实。

根据手提包也能分析出主人的一些性格特征。

如果手提包内的东西杂乱无序，说明它的主人具有以下性格特点：这类人无论对工作还是对生活，都抱着一种无所谓的态度，他们不会因一些小事而斤斤计较。他们一般不会体贴人，在为人处世上不够谨慎，办事欠考虑，在工作上不够细致和踏实。不过他们对人热情，喜欢交际。

包内东西很有条理的人，有一种较强的虚荣心、上进心，一般来讲，他们办事可靠，生活很有条理，有组织能力，责任心强。他们很有自信，并且善于安排生活和工作。

包中东西应有尽有的女性，具有严肃认真的个性，办事仔细，会持家；她们对人体贴入微，并有远见。而这样的男性，其心胸狭窄，爱计较小事，不易与他人和睦相处。

3. 颜色与性格

我国著名诗人闻一多先生在一首诗里写道：生命是张没有价值的白纸，自从绿给了我发展/红给了我热情/黄教我以忠义/蓝教我以高洁/粉红赐我以悲哀/在完成这帧彩图，黑还要加我以死。从此以后，我便溺爱于我的生命，因为我爱他的色彩。

颜色虽然是一种自然属性，却对人的感觉、情绪产生强烈的影响，人类漫长的观察、欣赏颜色的过程，在人的内心留下了沉积，以至于每一种色彩都在我们的情感世界有了与之呼应的成分。心理学家发现，通过了解人们喜欢的色彩，可以有效地探测其自身的爱好、性格等。

一般说来，喜欢红色的人是个性坚强、精力充沛的人，感情丰富，性格外向，活泼异常，说话做事常不假思索；心理上总是准备好了向人进攻和与人论争。

喜爱蓝色，表明是个喜欢宁静的人。善于控制感情，镇定平静；是个内向的人，然而判断力强，见识不凡。

爱紫色的人多愁善感，性格内向，敏感细致，但往往能够驾驭控制内心的忧虑和伤感。

爱绿色的人性情平和，心绪不易烦乱，极少感到焦躁不安或抑郁忧愁；对生活充满希望和乐观情绪，渴望事事日益美好。

喜欢黄色的人性格外向，说话无所畏惧，做事潇洒自如，不担心他人的议论与指责，故而心情轻松愉快；精力充溢，目标坚定，不易动摇，是个可信赖的人。

中意灰色表示这是个审慎的人，不喜欢情绪激动，喜怒不形于色，沉稳，自控能力极好；不愿有过深的友谊、过近的关系。

对黑色着迷，一定是个感情忧伤的人。感觉事情总是不如意，不能按照自己希望的那样去说话行事，生活之路缺乏欢乐。

喜好棕色的人吃、穿、住等基本欲望非常强烈，凭着自己的本领，对这些都能得到满足。但目的达到后，却常有不安感，怕有可能受到惩罚。

三、对家与宠物的偏好

1. 家的装饰与性格

家就好像动物的巢一样形形色色。没有两个家是完全一样的，因为没有两个人的性格会完全一样。一位心理分析学家曾经说过：“一个人的理想会在他所居住的家或公寓中表露无疑。”我们可以从房屋的结构、内部装饰等方面判断出居住在里面的人的个性。其中差异性最大的、最明显的就是空白墙壁的布置方法。大体而言，若是墙壁的空白部分很多，一点装饰物也没有的话，表明此人易孤独凄凉。相反，如果房间的墙壁上被装饰得五花八门，有这种爱好和特长的女性即使目前还是单身的话，一旦成为家庭主妇，也宁愿选择待在家中，而不外出，处处把家放在第一位，是个善于持家的好主妇。

2. 饲养宠物与性格

当初人类饲养宠物为的是要满足内心那股被服从和被追随的愿望。但是，一旦开始饲养之后，宠物就成了人类的“自我延伸”，人类借着自己的宠物表现各种愿望，从而将自己的性格特征明白地透露出来，或暗示那些隐藏在心中的欲求。

养狗的人具有隶属性格，大都能顺从他人的意见行事，依赖心较强，适应性强，以外向居多，易与别人相处，活泼、好热闹。同时心中有任何感触，立即会呈现于表情上或态度上，从外表上给人以开朗、干脆、人情味浓的印象，属于浮躁型的个性。而养猫的人则不隶属于任何人，比较任性。这类人会互相承认彼此人格，独立心也很强，喜欢孤独，不爱将感情流露出来，也不善于启开他人的心扉。从外表上给人以不开朗、内向、冷漠、固执等难以相处的印象，以分裂质性格者居多。

喜欢饲养鱼和鸟，如金鱼、热带鱼、鹦鹉等宠物的人，大多拥有一颗爱护宠物的诚挚之心，几乎都拥有自己的天地，同时厌恶日常的人际关系，不善交际。过度地爱护宠物，可能会使自己陷入不顾任何危险的境地。

第三节　从言行举止看个性

一、眼睛与性格

眼睛是心灵的窗户，它会毫不掩饰地表露出你的学识、品性、情操、趣味和性格。

心胸博大、为人正直者，其目光明澈、坦荡。

心胸狭窄、为人虚伪者，眼神狡猾、阴诈。

目光执着者，志怀高远；眼神浮动者，为人轻薄。

眼光内敛者，表示自私；目光暴露者，表示贪婪。

自信者，眼神坚而毅；自堕者，眼神晦而衰。

目不转睛地注视着对方谈话者，一般表示较为诚实。

初次见面先移开视线者，大多想处于优势地位，争强好胜。

被对方注视时、便立即移开目光者，大都有自卑感或缺点。

视线不集中于对方、目光转移迅速者，大多属于性格内向的人。

一般而言，初次见面，就先用眼睛瞪着人，这种人具有主动的性格，在谈话进行中，这种人也时时刻刻想占尽优势，所以，他不断地瞪着眼看人。日本评论家草柳大藏说，能否把对方掌握在自己手上，在最初的30秒内就可以决定了。当双方的视线互相接触时，首先翻眼皮的人，就是胜利者。反之，对方的心理动态，马上就被先下手为强的人操纵了，接着，对方的心理活动，也会落在后者的掌握之中。

因此，在初次见面的时候，对一面谈话，一面将视线投向外边的人，你一定要加以提防。这种人常常言不由衷，不太好交往。不过，这种情形也有例外，有些人心中另有隐情，或有愧于心，为了不让对方看穿自己心底的秘密，也常将他的视线投向外边。

日本著名建筑师竹山浩一曾在一张巨大而透明的画面上，画了个皱着眉的眼睛，高挂在一家商店的门口。

在高挂这张画的期间，这家商店的扒手发现率顿时减少。纵然这只眼睛不是真实的，但被这只大眼一瞪，凡心里有鬼的人，立即会把视线避开，更不想走进店里去，即使走进店，也不敢动手偷东西。

二、站立坐行与个性

1. 站的姿势与个性

人的姿势有坐、站、卧等许多种，但要想从中捕捉人的特性，最容易的办法就是从站立的姿势着手。挺胸直背是一种充满活力和紧张的姿态。具有这种姿势的人不屈服于现实，为了达到目的，可以不惜一切代价去努力争取。但是，如果一个人站得过于挺直、硬绷绷的，使用了过多的力量来支持他的姿势，那么则表明他的心中有着强烈的自卑感。为了要解除这种自卑感，他在心理上就会产生需要凌驾别人之上的感觉，于是使用这种姿势使自己表现得更为气度非凡。

有些人在站着的时候，总是喜欢倚在一张桌子或椅子之类的物体上。这类人信心不强，不相信自己的能力而希望被支持。他们大都言语不多，经常保持沉默，行为处事比较保守。

2. 坐的姿势与个性

双脚的摆放模式间接地反映了人的心情状态。例如“别脚”，即将一只脚别在另一条腿的某种部位，这是一种防御性的姿势，几乎所有的女性都使用过。经观察表明，经常使用这种姿势的女性大多害羞、扭捏或胆怯。

在脚的表情中，以抖动为最能表现本人心理状态了。生理学认为，抖动双脚是一种防止血液循环停滞的行为。一般讲究完美的人，不断地用抖脚来发泄心中的郁闷。

3. 行的方式与个性

每个人的走路姿势都有所不同。一般说来，走路快而双臂摆动自然的人，往往有坚定的目标，并且能锲而不舍地追求。习惯于将双手插在口袋里，即使天气暖和也不例外的人，爱挑剔，喜欢批评别人，而且颇具神秘感，常常显得玩世不恭。

走路时双手叉腰，上身微向前倾的人，如同事业上的短跑运动员。他想以最短的途径、最快的速度来达到自己的目标。当他似乎无所作为时，往往是在计划下一步的重要行动，并且积蓄了能突然爆发的精力。

一个自满甚至傲慢的人，可能采取墨索里尼式的走路姿势。他的下巴抬起，手臂夸张地摆动，腿是僵直的，步伐慎重而迟缓。这样走路是为了加深给别人的印象。

速率和跨度一致的步伐往往为首脑人物所采用。这样走路，容易让随从和部属跟在后面时保持步调一致，形成小鸭跟母鸭的队形，以显示追随者的忠实和服从。

三、握手与个性

握手是日常生活中常用的礼节，但它代表十分复杂的意义。海伦·凯勒说：“我接触过的手，虽然没有声音，却极有代表性。有的人握手能拒人于千里之外……也有些人的手充满阳光……”握手的姿势、力量、时间的长短能较为准确和清晰地表达出握手人的不同心态和感情。

1. 规范式握手

握手时力量适度，动作规范，双眼注视对方。采用这种握手方式的人，一般来讲都是个性坚毅坦率、思维缜密的人。同时也具有很强的责任感和可信度，是值得信赖的人。

抓握式：握手者握手时用力抓住对方的手掌并用力挤握，对方常有轻微的痛苦感。这样的人具有很强的组织能力和领导才能，精力充沛，自信心强，使人感到亲切。但有时这也是一种虚假的表现。

2. 软弱式

有些人握手时只是轻轻地触摸对方，让人有漫不经心之感。这样的人性格大多随和豁达，为人处事谦和，给人一种洒脱之感。与之处事，可大胆提出自己的意见，不必担心他会偏执。

3. 双手并握

双手并握住对方手的人想以此来表现出自己的诚恳、热情和真挚。他们一般心地热忱、温厚、善良，对朋友能推心置腹。但是，这只是对朋友而言，若对初次见面的人，则包含有求于人的心理。

4. 长久式

用力握住对方的手久久不放的人，其感情较为丰富，喜欢结交朋友，而且对朋友忠贞不渝。

5. 指尖式握手

只用指尖去握住对方指尖的人，他们一般性情平和而敏感，但有时情绪也会过于激动，常与人保持一定的距离，他们往往缺乏自信，不过与人交往倒不乏忠诚。

6. 抖动式

有些人握手时抓住对方的手不断上下抖动，这些人性格乐观大方，对人生充满希望。他们总是以乐观豁达的态度迎接困难。这种性格使他们备受朋友的欢迎。

7. 勉强式

有的人握手时好像不情愿与对方握手但又无法回避，这反映出他们性格的内向与羞怯。但他们无论对友情还是爱情，一旦付出后便会真心相守。

8. 木棍式

有些人握手时远远向对方伸出僵直的胳膊，他们采用这种方法在心理上保持自己的个人空间不受侵犯。

9. 随意式

这类人在社交场合，可以与陌生人轻松自在地握手，一般具有很强的自我表现欲。

综上所述，我们可以看到，一个人的行为举止就是这么鲜明地体现着他的个性特征。

四、言语表情与个性

语言是种种活动最有力的表达方式。我们在日常生活中所讲的话，都是在表达自己对各种事物、情况、问题的看法。我们可以通过对一个人说话的语言特征，即说话的腔调、声调的高低、音量的大小、声音的粗细、强弱等外露特征以及遣词造句一类语言表达方式的特征进行观察，可以看出他的个性、处境等。

1. 说话内容与个性

当我们与一个人接触时，可以根据他使用敬语数量的多少，来推测他所处的社会阶层。多用敬语的人，阶层意识强。一般在社会职业阶层中的上层就职的人，无论是在社会上还是在家庭中都很注意语言的使用和敬语的使用方式，讲话时多用稍微修饰过的、有礼貌的敬语。与此相反，受教育程度低，在社会职业阶层的下层就职的人讲话就时常使用不礼貌的、粗俗的俚语村言。

最先说出流行语的人，具有如下性格：喜欢赶时髦，缺乏自我主见，惯有不加分析、不加批判地附和以及追求统一步调的癖好，同时对权威表现出怯弱的服从性。

讲话时爱掺用外来语的人虚荣心强，喜欢装腔作势。这类人常追逐时代潮流，喜欢赶时髦，有崇洋的心理。借此让对方觉得自己身上有着一种超出本人实际能力的本事，自己也因此而产生优越感。

日常生活中喜欢说“我”的成年人，是希望把自己内心的虚荣、自负、撒娇等情感与欲望传达给他人，借此让对方确定自己的存在。也就是说，这样的人，正期待着他人说附和的话。唯有别人承认他的存在，他才有安全感。如果想与这种人维持良好的人际关系，千万不可忽视他的存在。

根据美国某心理学家的研究，经常说“我们”的人，通常缺乏个性，属于团体中默默无闻的类型，往往也是应声虫，一般而言，害怕因表露自己受伤害的人，最爱说“我们”。

有些人常常在公共场合说些下流话，毫无顾忌地谈论有关性的话题，其实这些人只不过是假借粗鲁低俗的语言来掩饰自己在性方面的自卑感。相反，有的人一涉及性的话题便表示极端厌恶的情绪，那些人反倒对性异常关注。

2. 说话方式与个性

牢骚满腹的人，是属于某些方面欲求不满类型的人物。他们在心理上是时常焦躁不安的，长年累月积累下来，只要碰到偶发小事，他们就会借题大肆发挥。

过分谦恭的人，内心里往往郁积着对他人的强烈攻击欲。他们很可能受到过严厉而又错误的教育，对许多欲望产生罪恶感、不安感和恐惧感。他们意识到这一点，为了掩饰，便启动反向形成的心理防卫机制——对人加倍谦恭。

人们需要使用“嗯……”“这个、这个……”“那个、那个……”等感叹词或连接词这样的事态语来连缀起因思考而支离破碎的语言，使其变得融通贯一。就性格来讲，谨小慎微、办事瞻前顾后的神经质性格的人都非常频繁地使用这种事态语。如果说话的语调富于变化（或高或低），那么此人一定能动性强而且性格外向。说话声音很平淡的人，比较懒散冷淡和退缩。说话带鼻音的人，一般没有吸引力，冷漠、愚笨。

具有权威性格的人，讲话时发音重，用力强，而且讲话比较硬。这类人固执、自我意识和自我主张强烈，身上兼有传统性和保守性，常有支配欲和攻击性倾向。而具有服从性格的人讲话发音轻，并多用有礼貌的语言，这类人谨小慎微，带有被动性，并且常常不加分析和思考地盲从。

与人交谈，当依场合而随时调整音调音量，以免影响他人，这是为人处世的基本风度之一。但是，有些人常常高声喧哗，不顾及他人的感受。这种人初见之下似觉爽快、善于交际。但他们绝不会去洞察人际关系的奥妙，只一味地以自己惯有的风格，毫无弹性地待人处世。此外，这种人如果不满情绪郁积到一定程度，即会出现剧烈的爆炸式的感情。

有些人讲话的声音太小，令人难以听清。这类人在无意识中，有着无法确立自我的自卑感存在。他们在心理上并非完全成熟，依赖性太重。

另外，美国心理学家通过对声音的研究得出：一般情况下，性格外向的人讲话，声音大而且粗犷；性格内向的人说话声音柔和而且谨慎。说话的节奏也与气质有关系。他们发现，讲话非常容易冲动，并且拼命地讲个没完的人，身体的其他动作也表现出同样的倾向，即干起事来和说话一样，容易冲动，常常玩命地干；相反，说起话来犹豫不决、吞吞吐吐、咬文嚼字的人，干起事来，也是瞻前顾后，踌躇不前，动作迟钝和优柔寡断。

说话速度很快的人，大都能说会道。这类人一般比较缺少心机，容易受人控制。讲话速度变换不定的男人，大多数外向且精力旺盛；而表现出同样节奏变化的女人既可以被看作是性格外向，又可以看作是高度紧张、没修养和不合作。

爱讲话者的基本心理，是希望与他人维持长久的关系。乍看之下，这种人似乎是可以掀起热闹气氛的人，但他们心理寂寞的一面却鲜为人知。

五、字迹与个性

美国的一家公司一年内接连发生了几起机器部件失窃事件，损失达百万美元，种种迹象表明，窃犯出自内部。但在破案过程中，侦查员感到束手无策。为此，该公司邀请了国际字迹学专家参与此案的调查工作。这位专家首先让公司所有雇员根据自己所了解的案情写一份材料，然后对这些员工的字迹进行缜密的分析，结果疑点便集中到某人身上。此人的字迹特征表明他是一个善要诡计而又极具心计的人，于是他被置于监视之下。果然不久，由于变卖赃物事发，他被逮捕了。

从古至今，人们常把字迹与性格联系在一起。许多学者认为："字迹是大脑的书写。"人的无意识思想常会不自觉地流于笔端。正如人的指纹能够揭示出不同的个体特征一样，笔端的字迹也能揭示出每个人独特的个性。可以确信：在地球上不可能存在书写特征完全一致的两个人。优秀的字迹分析专家声称，可以通过对字迹的分析，揭示人的内心世界。

一般来说，流畅、圆润的笔触暗示了悠闲懒散并且易变的个性；棱角分明的笔法表明富于挑衅和进取性，并有强烈的驾驭他人的欲望；书写龙飞凤舞、气势磅礴者，性格也就放任不羁；字迹清楚整洁、呆板拘泥者，其性格纤弱，谨小慎微；字写得很小而清楚者，富有耐心，并有观察力；写字杂乱无章者，性格往往很粗鲁；字迹写得端端正正者，性格较庄重；运笔有力者，性格往往很倔强；书写潦草涂鸦者，一般缺乏责任心；书写花里胡哨者，其虚荣心较强；有的人书写苍劲浑厚，性格表现为老成持重；写字简洁，涉笔成趣者，则表明他不拘小节、工于心计；线条柔和，性格也温柔；书写流畅潇洒者，他的性格就开放豁达。

此外，字与字之间，行与行之间的距离间隔，字迹的大小，倾斜的方向以及用力的轻重，也能显出书写者的性格和个性。有人认为，字写得很大的人往往热情洋溢，但不拘小节；字写得很小的人往往很细心，并有专注力；若是字与字之间、行与行之间的间隙较大，他就比较坦率诚实，对人宽宏大量；写字过分用力者，他往往很自信，并且偏于固执；写字较轻者，一般缺乏魄力，书写时每行字向上倾斜者，表明情绪激昂，往往进取心较强；书写时每行字向下倾斜者，表明缺乏勇气，往往情绪消沉；书写向左倾斜者，往往善于分析；书写向右倾斜者，一般热情开朗。

古语讲："书者，心画也。"在判断一个人的笔迹或书法时，我们还应考虑到笔者书写的时间、情景、内容以及其他客观条件的影响，只有这样才能真正地了解他人。

人的行为动作是大脑思维活动的外在表现，人体动作和表情都受大脑的支配，要想真正了解一个人的思想和个性并不容易，必须听其言，观其行，透过现象看本质。人的个性与其行为举止之间的联系是十分复杂的，要想准确无误地理解人的行为举止所表露的信息，需要仔细地观察、辨认其行为的真实含义，不能简单地根据一时一事的行为表现轻易地给一个人下判断，还必须注意发生这种行为的场合、时间、对象、环境等因素，还有这个人所生活的社会生活背景和民族文化传统，深入地观察和领悟这些无声的语言所代表的意义。

第四节　个人能力自我测试

测验一：股票

1. 创业能力自测

(1) 问题。

①你在公司环境中工作多少年了？

②促使你成为经理人的要素是什么？

③如果你的老板告诉你，下周你将被炒鱿鱼了，你的反应是什么？

④如果你能改变工作中的一件事情，你希望它是什么？

⑤你无法认同的公司规则有哪些？

⑥你觉得其他员工对你的看法怎么样？

⑦与人会面时，如果人家问你的工作，你的感觉是什么？

⑧如果你离开公司，后来创业又失败了，你会考虑到另一家公司去打工吗？

⑨你对你公司的文化有何看法？

⑩你觉得你和公司老板的关系怎样？

⑪如果离开公司，你最念念不忘的是什么？

⑫如果公司行政总监给你一份梦寐以求的工作和薪水福利，与自己开办公司相比，你会怎么看？

（2）解答。

①如果你工作了5年到20年，给自己加1分。这么长时间足够为你创办新企业积累丰富的资产和技能。

②如是你选择的是“安全感”，请给自己加1分。

③如果你的答案是喜忧交加，给自己加1分。如果只感到担忧，不能得分。

④多数从公司退下来的成功经理人，都选择改变工作中相对的缺乏决策权。如果你的答案是“更多的决策权、更大的影响力、少些禁忌”，请给自己加1分。

⑤如果你的答案是“集体决策、写备忘录、会议不断、严格的上下班时间、不公平的奖金制度”，请给自己加1分。

⑥如果人家把你看成局外人、单干分子或不入流的家伙，给自己加1分。

⑦人家对你的公司或职位大加赞赏，你无动于衷，给自己加1分。如果你对公司和自己的职位夸夸其谈，不能得分。

⑧不会。正确的答案是另外开办一家新公司。那你可加1分。

⑨你公司的文化鼓励激烈的竞争、重视团队精神胜过个人明星、执行有条不紊的等级升迁制度。任何其中一条都可以给你加1分。

⑩许多很有潜力的企业家认为，他们的老板限制了他们的个人成就。如果你也这么认为，给自己加1分。

⑪“钱、福利、名气”等都可接受的答案可加1分。如果你的答案是“与其他员工的合作、实现一个具体项目的奖赏”，不能得分。

⑫你的答案应该是：“这是一个很困难的决策。不过有什么能够比得上自己创业的机会”。那就加1分。

（3）创业能力指数。

0—3分，你非常适合在公司里做经理。4—8分，你有潜质成为成功的企业家。如果得分很高，你可能随时准备放弃目前的职位。较低的得分，说明你混杂的感情值得考虑。

9—12 分：你完全应该独立创业。不过，别太过自信。光有适当的创业态度，并不能保证你能成功。

备注：没有多少经理人能得满分。就算那些后来得以成功创业的经理人都是一样。不过，只要你的得分高于 3 分，你就有潜力。

（4）操作股票的能力自测。

股票市场风险极大，不要看到别人挣钱，就急于入市，先要评定一下自己是否有这个能力，下面的测验可为你做出评判。如实回答下列的问题，计算出自己的得分，然后再详读后面的解说。

①投资股票的成功是依赖于：

a. 运气

b. 半运气、半技术

c. 知识和经验

d. 经常接触股票市场

②你认为在股市中获得的机会如何？

a. 很难获得

b. 很容易获得

c. 有知识经验终会获得

d. 在通货膨胀的严峻环境下，股票至少可以保值

③你会把多少比例的资金投入股市？

a. 不一定，但永远不会投入所有的钱

b. 需要时甚至投入老本

c. 支用闲钱

d. 全数投入，义无反顾

④你愿花多少时间和精力在股票买卖上？

a. 经常到交易所去

b. 购股前多做准备

c. 花时间经常进行研究和分析

d. 视心情而定

⑤你选择购入某种股票，多数是由于：

a. 听到某些消息

b. 相信报刊上股评家或经纪人的推荐

c. 依赖走势图表或自己进行基本分析

d. 对该公司有深入的了解

⑥选择何时入市是由于：

a. 看到别人获得了利

b. 经济环境正好转

c. 股价已从高峰回落 10%

d. 图表上出现可购入信号

e. 股价已跌至自认为不合理水平

⑦某经纪人介绍你购入了某种股票，但接着该股票价大跌，你会：

a. 责怪该经纪人害了你

b. 处之坦然，认为只是自己运气不佳

c. 既责怪经纪人，也责备自己不应该轻信人言

d. 认为应责任自负，与他人无关

⑧你决定抛出某股票获利，是由于：

a. 获微利已心满意足

b. 发现了更佳投资对象

c. 已获得 30% 的利润

d. 相信股价将会回落

⑨你决定将某股票割肉抛出，是由于：

a. 发现了更佳投资对象

b. 相信股票还会下跌

c. 已心灰意冷

d. 绝不割肉抛出，宁愿长期持有它

⑩你决定暂时退出股市，是由于：

a. 股市经常不规则地波动

b. 股市已进入熊市

c. 已亏怕了

d. 经济前景黯淡

（5）计分方法。

1. a—0 分，b—3 分，c—5 分，d—0 分

2. a—3 分，b—0 分，c—5 分，d—0 分

3. a—4 分，b—3 分，c—5 分，d—0 分

4. a—1 分，b—3 分，c—4 分，d—0 分

5. a—2 分，b—2 分，c—3 分，d—5 分，e—0 分

6. a—1 分，b—5 分，c—0 分，d—3 分，e—4 分

7. a—0 分，b—0 分，c—3 分，d—4 分

8. a—0 分，b—3 分，c—5 分，d—3 分

9. a—4 分，b—4 分，c—2 分，d—0 分

10. a—0 分，b—2 分，c—3 分，d—5 分

对照上表，将你的得分加起来，求出总分，然后看评语：

总分在 10 分以下者：你把股票投资视作一种博彩，又不肯动脑筋进行研究，可以断定你以往的战绩不理想。若不再改进，将来也只会为股市提供更多的免费资金。

总分在 10—30 分者：你对股市有一定认识，但你在性格上仍有不少弱点。只要不断改进及花更多时间用在研究上，则仍有可为。

总分在 30—40 分者：你对股市的认识较深。只要持之以恒地研究及增加更多的经验，你将可以获得厚利。

总分在 40 分以上者：你已对股市认识深刻，性格上无大缺陷，但仍需不断努力，以制定理想的投资策略，不断获利。

测验二：你是经商的料吗？

一般而言，事业有成的人都具备广泛的财务和商业知识。根据美国专家的测验，证明有关财务的知识越广泛，收入有越高的倾向。想不想知道你的财务知识有多丰富？请试试以下这个测验。

（1）问题。

①目前流通的人民币最高面额是：

a. 10 元　　b. 50 元　　c. 100 元　　d. 1000 元

②复利是指：

a. 你的各种账户所赚得的利息总和

b. 本金所赚的利息再加入本金赚取的利息

c. 储蓄账户扣除税额后的利息

d. 现金存款的利息，而非支票存款的利息

③目前在市面上流通的硬币有几种？

a. 4 种　　b. 5 种　　c. 6 种　　d. 7 种

④公司要继续营业必须把哪一种成本计算在内？

a. 不变资本　　b. 变动资本　　c. 总成本　　d. 固定成本

⑤利率上升时，通常公司债券的价值会怎样？

a. 下跌　　b. 上涨

c. 不变　　d. 两者并无相关

⑥因企业、劳动力、土地和资本所获取的收入总额称为：

a. 总收入　　b. 国民生产总值

c. 国民收入　　　　　　　　d. 拉弗曲线

⑦哪一种钞票的背面印有黄河壶口瀑布？

a. 5 元　　　　b. 10 元　　　　c. 50 元　　　　d. 100 元

⑧新版 5 元人民币背面印有：

a. 万里长城　　　　　　　　b. 珠穆朗玛峰

c. 长江三峡　　　　　　　　d. 工人、农民、知识分子三头像

⑨你的净值是指：

a. 你持有的股票的现有价值

b. 你的资产和负债差额

c. 你的土地、房子和车子等财产的价格

d. 你要投资股票所需的钱

⑩美国在哪一年正式放弃以“金本位”作为美金发行依据的价值标准？

a. 1971 年　　　　b. 1941 年　　　　c. 1933 年　　　　d. 1929 年

⑪信托是指什么？

a. 彼此信托的俱乐部会员的特种基金

b. 一种遗嘱

c. 向可信赖的朋友购置财产的同意书

d. 为某人设立，由第三者经营的财产或金钱

⑫一家公司将股票到证券交易所挂牌，让投资人可以竞价公开买卖，叫作：

a. 垄断　　　　b. 发行股票　　　　c. 增资　　　　d. 公开上市

⑬把钱放在银行或其他类似性质的金融机构，所定期获利的利润叫作：

a. 资金　　　　b. 股利　　　　c. 利息　　　　d. 租金

⑭负债减去信用等于：

a. 尚欠款项　　　　b. 手续费　　　　c. 已付款　　　　d. 信用额度

⑮如果某甲公司的股票是一股卖 22.5 元，而某乙公司的股票一股卖

38 元，哪一种股票比较便宜？

a. 股票甲

b. 股票乙

c. 股票甲事实上与股票乙价值相等

d. 没有足够原资料判断哪一种股票便宜

⑯世界上最大的企业（以销售收入排名）是：

a. 微软公司　　b. 埃克森石油公司

c. 本田汽车　　d. 通用汽车

⑰所谓“保费”是指：

a. 买保险时应缴的手续费

b. 残废时保险公司偿付的钱

c. 保证金

d. 买保险时应缴纳的保险费

⑱牡丹卡是由下列哪家银行发行的：

a. 中国人民银行　　b. 中国银行

c. 中国工商银行　　d. 中国建设银行

⑲英文 onebillion 是指多少钱：

a. 10 亿　　b. 1 亿　　c. 1000 万　　d. 100 万

⑳投资合作是指：

a. 一种有限合作

b. 可协议的工具

c. 一种经营者和出资者共同享有所有权，分担责任的企业组织

d. 一种国际贸易协定

㉑投资或借贷的实际总额叫作：

a. 利息　　b. 股利　　c. 呆账　　d. 本金

㉒下列哪种属于不动产：

a. 汽车　　b. 银行存款　　c. 自用住宅　　d. 金银珠宝

㉓符号“L”代表哪种货币：

a. 美元　　b. 英镑　　c. 日元

（2）解答。

①c ②b ③c ④b ⑤a ⑥c ⑦c ⑧c ⑨b ⑩a ⑪d ⑫d ⑬c ⑭a ⑮d ⑯a ⑰d ⑱c ⑲a ⑳c ㉑d ㉒c ㉓b

请将你的答案对照标准答案，每答对一题得1分，答错或未答不给分，最后算出总分。得分很低：0—8分；得分低：9—13分；得分中等：14—17分；得分高：18—20分；得分很高：21—23分。

总分在13分以下者：以达到成功个人应具备的智能而言，相当不利。一个人的智能和生活中的许多事物成败有关。同样的，财务智能也与财务成功相关。他们比较没有安全感，较少接触外来的信息，而在企业界，信息就是资产。不过，得分低并不是一件糟糕和令人垂头丧气的坏事。因为所有财务知识都是可以通过学习得来，只要你愿意，稍加努力，就可增进不少知识。积极也可弥补由于信息不充分而带来的不安全感，减轻你向成功攀登的负担，现在就开始行动吧。

总分在14—17分者：这种人有足够的财务知识，但可能无法像他们所希望的那么成功或有知识。如果得分落在本组，你已有很高的基础可以加强金融智能。根据测验结果，成绩表现中等的硕士班学生均落在本组，如果要更成功，表现更好，还有待努力。

总分在18分以上者：对金钱和财务了解很透彻，如果够聪明，就会好好利用这些知识。得分落在本组的人收入比其他组者高，你的金融财务知识已可保证你有在商业界或个人理财方面成功的机会。

2. 管理能力自测

我们的社会需要越来越多的管理人才，许多人都希望自己具备管理才能，从而获得让人羡慕的职业和收入。下面的测试将有助于你了解自己这方面的才能。

（1）问题。

测验一：变化

假如你已知道自己的生活将发生如下变化，是否仍能愉快地从事管理工作？

①你将越来越多地涉及管理，而和技术的联系越来越少。

②一旦决定搞管理，就不能半途而废。即使你想再去搞技术，也是办不到的，因为技术的进步太快了。

③你将从一个可靠的领域，即一个对自己所做的事情有把握的领域，转向一个无论是可利用的人力，还是工作条件都没有把握的领域。

④你必须大大扩大知识面和兴趣范围，丝毫不能将兴趣集中于一点或致力于一个专业。

⑤你必须放弃你在专业上所取得的成就，而为自己能渐渐支配更多的人，组织越来越多的活动及能够帮助其他专业人员取得成功而感到满足。

测验二：兴趣

①如果让你选择不同于现在工作的一个职业，你喜欢做一个：

A. 医生　　B. 勘探员

②你喜欢读关于哪一方面的书？

A. 地理学　　B. 心理学

③你喜欢怎样度过一个夜晚？

A. 做新家具　　B. 和朋友做游戏

④如果某人耽误你的时间，怎么办？

A. 总是很耐心　　B. 往往会发火

⑤你喜欢做哪件事？

A. 会见陌生人　　　　　　　B. 看展览会

⑥你喜欢别人称你：

A. 善于合作　　　　　　　B. 机智多谋

⑦每样东西都有放处且各就各位，这对你：

A. 很重要　　　　　　　　B. 不怎么重要

⑧如果你强烈反对某个人，将怎么办？

A. 力求最大的统一，使争论最少

B. 将在价值、原则及政策上的分歧争论个水落石出

⑨你是否能很容易地放下正在阅读的一本很有趣的故事书？

A. 能　　　　　　　　　　B. 不能

⑩在一出戏中，你喜欢演哪种角色？

A. 富兰克林　　　　　　　D. 约瑟夫（政治家）

B. 查理斯·凯特林（工程师，电机的发明人）

测验三：适应

①你做出的从事管理工作的决定，是否与你的能力、兴趣、品质、个性和目标一致？是否能比你从事技术工作更加施展你的才能？

②你是否具有从事管理工作的较强能力和必要条件？是否期待将来亲身投入到管理工作中去？

③你肯定管理工作能使自己得到个人心理上的更大满足吗？

④你是否对本企业的情况有一个全面的了解？你熟悉你所在企业的不同部门的不同要求和不同管理方法吗？是否很容易从这一部门转到另一部门吗？

⑤你已确立了今后5年到10年的奋斗目标了吗？你肯定现在的工作更能达到你的目的吗？你意识到管理阶层中，存在更强有力的竞争吗？你肯定自己能充分地正视这些竞争吗？

⑥你是否更注重人而不是工作？你更喜欢和别人工作在一起吗？你能

很容易地找到合作者吗？你自愿帮助别人吗？你真正知道人们为什么在社会中如此表现吗？

⑦你的同事和朋友认为你友好和随和吗？假如你已意识到帮助别人时要牺牲个人利益，是否仍执意这样做？朋友请教你吗？你愿意得到别人的帮助吗？

⑧你能在变幻莫测的情况下灵活处事，在一时混乱的情况下泰然处之吗？当所有的情况都不能如愿以偿时，你仍能快活吗？当对自己决定的后果尚无把握时，你觉得烦躁不安吗？

⑨你是否觉得可以信任他人，他人也能信任你？你能很容易地消除隔阂吗？

⑩你在工作中注重人的主观因素吗？你注重利用他人吗？你同样注重自己的下级吗？

⑪你是否注意自己的行为且试图解释过？你是否有时听见自己的言论像是来自别人的观点？你曾努力从别人的立场出发来寻求看待事物的方式吗？

⑫你觉得自己很善于广泛接触各种各样的人，并在使用人时尽可能发挥他们的作用吗？

测验四：管理

你赞成还是反对下列说法：

①每个专业人员有类似的个性和要求，应该同等对待，用一种方式去领导他们。

②对专业人员来讲，最重要的报酬是得到更多的钱。

③一个有能力的管理人员，初次见一位专业人员便能对他做出评价。

④精神不振、消极散漫、牢骚满腹可以认为是由于没有竞争对手和兴趣而引起，而不是天生懒惰。

⑤管理人员应丝毫不去理会专业人员的情感。

⑥不要对专业人员的一项成果加以赞扬，因为那样的话，他们将很难

领导且要马上提薪。

⑦使专业人员提高工作效率的最有效方法是告诫他们随时有失去工作的危险。

⑧一组专业人员总比一个人能更完善地解决问题。

⑨若一个管理人员称职，那么他必须像每个专业人员一样熟悉其专业。

⑩了解本企业中每个人的个性，对防止士气低落大有益处。

⑪如果一个管理人员对某专业人员提出的问题答不上来，他应该说："我不知道，我找一下答案告诉你。"然后继续做自己的事。

⑫在做与专业人员有关的决定时，管理人员总是应该让他们参与制定。

⑬专业人员对要求他们提建议的管理人员并不太尊重。

⑭知己和知彼同等重要。

⑮一个称职的管理人员，应该较注重参谋而并非监督。

⑯即使持反对意见管理人员也应该执行其上级的旨意。

⑰管理人员千万不要授权给管理下的专业人员。

⑱重要的是分清每个专业人员的贡献，而不是赞赏专业人员所在的集体。

⑲一般来说，专业人员要求"区别"对待。

⑳管理的最重要的作用之一是提供信息及减少挫折。

（2）解答。

测验一：如果你的生活发生上述的4种到5种变化仍能适应，那么你适合于管理工作。

测验二：适于搞管理工作的人，通常回答如下：1A，2B，3B，4A，5A，6A，7B，8A，9A，10A。

测验三：上述十二个问题中，你有六个以上回答"是"那就有可能领导一个棘手的企业。

测验四：下列说法较为正确：4，10，11，12，14，15，18，19，20。如你选中大部分，你适合于管理工作。

第三章

个性与择业

第一节　选择职业就是选择成功

1. 弃官还乡——诗人李白回归自我

唐代是中国历史上的黄金时代，有人曾经考证，唐代的统治者李氏本是胡人，也许是大漠长风的剽悍性格给中国文化注入了新鲜的血液，唐代一直以一种开放的姿态君临天下。开放的思想、开放的文化、良好的社会环境使文人士子们大多向往建功立业，名垂青史，以积极进取的态度参与社会生活。进取精神成为唐代狂放人格的主要特征。最能反映盛唐恢宏气势的莫过于李白的诗句，李白是盛唐时代精神与文化性格的代言人。李白的性格不羁常轨，狂放自由。他生性倜傥，喜欢纵横之术，任侠使气，全没有儒士的拘谨与迂腐。

李白少负才学，胸怀奇志，他追随赵蕤学习，目的是为了像战国的游士那样凭自己胸中的才学游说君王，为王者之师，辅佐君王治理天下。他"十五观奇书，作赋凌相如"，15 岁就自认为与司马相如并驾齐驱，他自负得让人咋舌，"君看我才能，何似鲁仲尼?"敢与孔圣人相提并论，他狂傲得不可一世。他的自负狂傲还远不止于此，高唱"我本楚狂人，风歌笑孔丘"，对孔子他竟敢抛以轻蔑的一瞥。过分的狂傲往往会使人做出不切实际的选择，过分的聪明往往会成为人的致命弱点。人们总是感叹天才的怀才不遇，人们对天才的敬仰和同情，往往忽视天才自身的因素，一个恃才傲物的人更容易暴露出自己的缺陷。李白的狂放性格打碎了他的政治理想，也成就了他的千古美名。

青年时代的李白，在他的文化血脉里流淌的是儒家的积极入世、“兼济天下”的思想激流。这种思想动力，使李白在一开始便没有把自己的一生完整地交给诗歌创作。苏廷是最早发现李白的人，他赞扬李白说：“你的文采可观，但风骨未成。只要继续努力，将来必成大器，就可以和你的同乡司马相如齐名了。”李白回答道：“司马相如只不过写得一手好文章，汉武帝也不过是以俳优蓄之。晚生不才，窃以为大丈夫当志在经国济世，进不能为管，退亦当为鲁连。诗文乃余事尔。”由此可见，他的理想在政治上。

李白强烈的政治理想与他的狂放性格格格不入。他狂放的性格让他在选择跻身仕途的道路中画上了错误的一笔。

唐代的科举制度相对来讲比较合理，打破了世族地主政治的官僚选拔制度，为庶族地主大开方便之门，是中国政治制度史的一大进步，很多人借此飞黄腾达。李白不屑于走这条路，也许是千里马怎能与驽马并驾齐驱，也许是自负的他看不起科举场上的你争我夺。但最主要的是他和儒生的立足点不同，他想做王者之师，与统治者平起平坐，结为知己。一个年轻人有这样的胸怀和抱负，确实有些轻狂，这就是李白与众不同的个性。他不愿意走一个儒生顺理成章应该走的道路，他不愿做科举的奴隶，受科举的约束。科举制度无论如何是为统治者服务的，为他们笼络人才而设置的，为了走这条路，士子们在儒家的正统教育中默默耕耘，做酸了学问，学傻了大脑。科举制度在很大程度上削弱了文人士子的独立性，丧失了个体的自由。天才自傲、狂放不羁的李白怎么能屈身科举呢？他不想用人格的自由来换取仕途的通行证，不想把驿动的心锁进科举的牢房。他幻想能够像吕尚一样，等待明主的诏示，制造一个一鸣惊人的戏剧效果。他有一个梦，梦中自己化作一只大鹏，展开遮天蔽日的翅膀，在无边无际的天空翱翔。他在一首诗中表达了他想通过隐逸达到政治目的的心情。然而李白不是一个成功的垂钓者，狂放的性格很难兼备耐心持久，这种性格需要的是新奇与多变。李白没有吕尚的耐心，也没有吕尚的沉稳，更没有吕尚的老谋深算；他也不会像诸葛亮那样善于塑造个人形象，也没有诸葛亮的韬略；一句话，他也不会推销自己，却偏偏选择了“下海”。在隐逸生活中守株待兔几年后，他坐不住了，扔下了手中的鱼钩，头也不回地向朝中走去。

李白一直在寻找着凭借自己卓越的才华直接进入朝廷的机会。他多次上书，多次赠诗，“遍与诸侯”，都没有产生积极的结果，于是他走上长安自荐。经道士吴筠与玉真公主的推荐，唐玄宗下诏征李白入京，李白得讯，欣喜异常，他以为从此可以施展政治抱负，平步青云，大展宏图：“仰天大笑出门去，我辈岂是蓬蒿人！”多么自信，多么豪爽的颠狂！在京城，李白与贺知章惺惺相惜，李白的清雅脱俗让贺知章叹道：“此天上谪仙人也。”李白很快便誉满京城。唐玄宗在金殿召见了李白，并走下龙座，步行迎接李白，让李白坐在七宝床上，亲手为李白调羹。对于统治者来说这不过是一种特殊的礼遇，为自己增添礼贤下士的美名。翰林学士的官职既无官品又无实权，仅仅是随时侍命听候皇帝召唤去草拟诏告或写诗论文，用现今的话来说就是个御用文人，只能做一些诏告或歌功颂德的官样文字而已。展翅的大鹏关进了鸟笼，整天在院中画地为牢，这实在不合他放荡不羁的性格，他耐着性子忍受着。这段政治生涯中，他虽然为朝廷草写诏书文告，还不时地解答唐玄宗的国政询问，更多的却是陪帝王嫔妃宴饮欢娱。他看不起司马相如是个俳优之臣，而自己也做了俳优之臣。个性上的压抑，让他借酒浇愁，在酒后尽情地宣泄自己的情感，任性而行。他大声歌吟：“三杯通大道，一醉解千愁。但得酒中趣，不作富贵求。”李白在长安的遭遇是必然的，他的狂放性格让他不可能避免这种命运。他的才华让人敬佩的同时，也让人妒嫉，李白偏偏不会韬光养晦。他个性的张扬，难免得罪一些小人，胸怀再宽广的统治者，也难以接受他的不羁。狂狷的性格突出自我，不像中庸之道以群体为荣；狂狷的性格遇强则强，遇刚则刚，不像中庸之道温温和和；狂狷的性格刚甚则易折，中庸之道柔韧克百强。做了翰林的李白虽然努力压抑自己的狂放，但强力的压迫会使个性的压力蕴积成势，只要有一个宣泄口便会喷薄而发。李翰林的狂已经让人难以容忍了，他流连于酒肆，高呼“天子呼来不上船”。一次唐玄宗诏宣李白撰述召令，借醉颠狂的李白让玄宗宠爱的高力士为自己脱靴，让贵妃调羹，天子磨墨。他狂得大胆而无畏。不知道收敛的李白是朝廷所不容的，权臣小人们在玄宗和贵妃面前大进谗言，唐玄宗渐渐疏远了李白。不被重用的李白更加狂放起来，政治的失意源于他狂放的性格，又推进了他放荡不羁的性格，3 年的长安生活结束了。李白希望而来，失望而去，他对朝政与现实有了更切身的感受，“安能摧眉折腰事权贵，使我不得开心颜”。他从长安带走了“酒仙”的雅号和“谪仙人”的美称，也带走了更加狂放的性格。同情李白的人都认为他的遭遇是封建统治者反动腐朽造成的，其实李白的遭遇和痛苦的根源在于他的个性。从现代人的实用观点来看，李白是一个文人、一个艺术家。他丰富敏感的内心世界是不适于政治旋涡的。所幸的是李白总算迷途知返，走出深宫，找回自我。

2. 扬长避短——张海迪的择业秘籍

张海迪以残疾之躯成就了个人伟大事业，完全凭着她那不屈的意志和执着的毅力。但是，有一点许多读者并不了解，那就是张海迪善于发现自己性格中的长处，并充分利用和挖掘它，于是便有了属于自己的本领。这样，张海迪就把性格转化成了力量。

自己作为一个残疾人，有没有长处？最大的长处又是什么？对这个问题，她苦苦思索。后来她认定自己的长处是记忆力强，多少东西一旦印入自己的脑海会经久不忘。“对！就学外语，学习了外语，通过对世界的了解扩大对生活的感受，将来，我还可以搞翻译，提高自己的文学水平，这样一举两得，何乐而不为？”张海迪对自己有兴趣的学问进行了一番尝试和筛选，终于找到了自己的事业最佳突破口。

没有英语教材，张海迪就把“文革”前的英语课本整章整本地抄下来。她煞费苦心，自己“编辑”了一本奇特的英语教科书：一个厚厚的大本子，里面贴满了她平时收集的印有英文说明的糖纸、药品说明书、袜子标签、烟盒、食品包装等。她说，读这样的“书”，学得快、记得牢。

没有英语环境，张海迪就充分利用自己的房间，她在书桌上、书架上、床单上写满了英语单词、语句，凡是能用手够得着的墙上也贴得密密麻麻。在张海迪的书桌上摆着一个泥塑的会摇头的“小县官”，那是妈妈送给她的生日礼物。过去工作累了，她常常摆弄它，与它逗乐。现在，却在它相应的部位上全写上了耳朵、眼睛、鼻子、嘴巴等英文单词。

在时间的利用上，张海迪更是分秒必争。有时，她一边吃饭，一边念念有词地背诵，有几次竟然把笔插进饭碗里。她本无饮茶的习惯，但为了学习，每天晚上都要饮一壶又苦又涩，像中药汤那样难以下咽的酽茶，借以提神。她还给自己立下了一条规则，每天背不熟规定的单词数，就自己打自己的板子。为了按时完成学习计划，她甚至使用兴奋神经的药物。

艰苦的学习，对于身体健全的人来说，只是精力的聚集、体力的消耗，但劳累了只需要稍事休息，便可得到恢复和补充。张海迪的学习，却远不止于此。她有时连续坐上几个小时，上身疼痛难忍，尚可用顽强的意志来征服，而三分之二的下身，却麻木得如同一块死枣木墩子。常用一种姿式，久不活动，生出一个个褥疮，这处感染化脓未封口，另一处又开始溃烂。张海迪就趴在床上，用肘支撑上身，翘着头，看书写字。为了攻克英语这座火焰山，张海迪那有知觉的部分肢体，付出的是血的代价。她读啊，写啊……张海迪用过的英语练习本，摞起来有两尺多高，她的英语水平也在不到两年的时间内，就达到了高中毕业的标准。

任何人的身上都有一定的长处，我们要通过全面、细致的分析，把它挖掘出来，在确定突破口的时候，更应该充分地利用这种优势。张海迪没有选择运动员、舞蹈家作为人生目标，因为这需要健全的体魄；她也没有把美术、绘画作为理想追求，因为这需要外出体验生活。针对自己记忆力强、空余时间多的特点，张海迪选择了英语作为自己的突破口，这完全是张海迪个人能力与条件所能企及的。

选择突破口之后，一定要下功夫去钻研，千方百计地克服困难去实现目标。张海迪自己动手编写英语课本、布置学习环境，都是在积极地创造条件。在操作步骤上，张海迪为自己制订了计划，每天强迫自己完成规定的任务，这样就把一个大的目标进行了细化，既不会产生畏难情绪，也不会“今日待明日，明日待后日”地拖延下去。更为可贵的是，张海迪能够克服病痛的折磨，以顽强的意志攻克英语学习的难关，正所谓“有志者，事竟成”。可见，只要我们在选择突破口之后，能够集中精力、时间去追求既定的目标，就一定会有所收获、有所成就的。而人生突破口的选择，其实就是去发现自己性格中的潜能。这种潜能是巨大的力量，是一种己所未知的活力，它一旦被发掘出来，将会喷薄而出，产生巨大的能量，助你成就自己一生的事业。

3. 亡国杀身——天才李煜入错了行

性格懦弱的人常常情感丰富，观察敏锐，感受细腻，他们是天生的文学艺术之才。在文学艺术的世界里，这一被人们唾弃的性格找到了理想的归宿，他们如鱼得水，任性畅游。

政治家和艺术家需要两种水火不容的性格。前者需要的性格是刚毅坚韧、冷静果断，忌讳感情用事；后者需要的性格是感情丰富、浪漫细腻，忌讳客观冷静。这是两种截然不同的性格特征，倘若互换，注定酿成大祸。南唐后主李煜的命运向我们泣诉着历史和个人的悲剧，但愿今天的人们能从中悟出性格与命运的真谛。

从古至今给人们的印象是学者或文人雅士与帝王格格不入，他们是两条道上的人。书生文人富于感情，往往好对现实或历史发感慨，其性格也多属懦弱型，因此当不了皇帝。然而，南唐后主李煜却是个例外，他的词写得颇有独到之处，在中国文学史上占有重要地位。这位词人偏偏做了皇帝。但由于他的性格懦弱、轻信，终于没能逃脱沦为亡国之君，被鸩酒毒死的悲惨命运。

李后主的懦弱性格，从他孩提到登上大位所处的生活环境可以窥见一斑。

幼小的李煜即是父母的掌上明珠，专门服侍他的奶妈、侍女是在后宫中挑了又挑，选了又选的，无不尽职尽责；天气冷暖、早晚起居、一日三餐……无不精心呵护料理。

年仅五六岁的小李煜忽然看见在古董柜中珍藏的焦尾琴，很感兴趣。皇父李景命内侍取出来给六皇子讲一番这古琴不平凡的来历和如何流入皇宫的。李景见儿子听得聚精会神，越讲越起劲儿，还情不自禁地抚起来，琴声悠扬，美妙动听，竟使父子二人深深地陶醉于婉转的琴声中。从此激起幼小的李煜对琴的爱好，真是“琴以人鸣，人以琴鸣”，后来，他成为抚琴的高手。

李煜还感兴趣的是，攻读历代典籍。从《春秋》《左传》《国语》《国策》等，到诸子百家；从《诗经》《楚辞》等，到五代的诗文，都使他爱不释手，废寝忘食。当然，他对书法和绘画也非常爱好，尤其工于鸟兽和墨竹。所遗手迹，为后人视为旷世珍宝。

他的皇父李景算不上是一位有作为的国君，却是颇有才气的词人。其词清丽婉转，旨意秀颖。自然会潜移默化地陶冶李煜的才能，使他从小就饱受得天独厚的滋养，并使他词的创作取得空前的成就。

李煜真可谓是在金碧辉煌、翡环翠绕、钟鸣鼎食、诗词歌赋的南唐深宫里长大的，又从未披坚执锐，冲杀疆场，长期生活在这样环境里的他性格怯懦是毫不足怪的。

即使在亲兄弟之间相处，他也常常表现得很懦弱。小时候，李弘冀带着二弟弘茂和李煜等几个弟弟游瓦官寺，一帮施主进完香正围着僧人请他相面。李弘冀他们也凑了过去向僧人说："这位师父，给我们也相相面呗。"那僧人朝李弘冀兄弟脸上扫视一下，眼光忽然一亮，凝视在李煜的小脸蛋上，连声赞道："这小公子广颐丰颊，天庭饱满，地阁方圆；鼻梁极似汉高祖之龙鼻；左图双仁，无异于虞舜之目……此貌十之八九帝王相也！"僧人的话音还没落，李煜忽然发现长兄李弘冀那锋利得像两把利剑似的目光，此刻正不可一世地恶狠狠地朝自己瞪了一眼，吓得他顿觉一股寒气从头顶一直凉到脚底。他心里埋怨那僧人信口胡诌，会给自己惹祸的。

李弘冀被皇父立为太子后，打了一次胜仗。吴越几十名降将被带到建康城郊。皇父有旨：不杀俘虏。可是他背着圣上，抡起寒光闪闪的钢刀，像砍大萝卜似的，一个个降将的头颅骨碌碌地滚落下来。有的人头还双目瞪得如牛眼，嘴巴啃地，沾满泥土。那血淋淋惨烈的场面，令人目不忍睹，吓得李煜多少日子，几乎每个夜里从梦中惊醒都不寒而栗。他由此联想到小时候僧人夸奖自己有帝王相，长兄那双凶狠的眼光。日后，若怀疑我和他争皇位，会不会也用这样凶残的手段对付自己……于是，他煞费苦心琢磨摆脱这险境的办法。

人往往急中生智，李煜忽然想起，祖母临终前曾说过"隐居深山，潜心学道"的话。从此，他就自称"钟山隐士"，并自己动手刻了"钟山隐士""钟峰白莲居士"等数枚以为藏书、题画之用的印章。终日埋头于填词、书法、绘画或者同宫女们戏耍，隐居在深宫中，对朝政不闻不问。李煜迫于长兄的嫉恨，以这种办法，还真就保全了自己的性命。

李煜 18 岁时娶东都留守周宗的女儿，比他长 1 岁的周娥皇为正室，即周后。不久又和比周后小几岁的妹妹私通。李煜登大位后，正宫周娥皇病逝，又立已与自己不明不白同居三四年的妻妹为周后的继室，称为小周后。

南唐三宫六院的宫娥才女们如众星捧月般地拱卫着国主，而在背后，她们又互相争风吃醋，钩心斗角。李后主终日沉湎于钗环鬓影、吴侬软语之中而难以自拔，常常是正在与这个妃子欢愉，还未及下床又惦着同那个贵人幽会。

一个夜晚，李后主在宫娥的房里，从美人儿的绵绵絮语中得到启示，想出一个对付宋太祖的良策。他以为宋太祖之所以千方百计地威胁诸小国，无非是要统一天下，唯我独尊；如果承认宋太祖为普天之下的大皇帝，向他称臣纳贡，也就免得他兴师动众到处征讨了。于是，堂堂的江南一国之君李后主忍气吞声，委派他七弟韩王李从善为进奉使，给宋太祖朝贡并附一份他亲手写的上表。

然而，他的如意算盘打错了。形势并没有按照他的愿望发展。进奉使李从善到宋朝一年之久未得释还。原来，李后主的七弟江南进奉使李从善被宋太祖封为泰宁军节度使，并赏赐给他一座豪华的宅院，留他在汴京定居。此举不免深含宋太祖欲召李后主入朝之意。李从善身居异邦，虽然久别眷属，往往有思念亲人之苦，可是，日子过得倒也闲适惬意。宋朝的京城有丰富的山珍海味供他享用，有诸多的名胜古迹供他赏心悦目，还有众多的风月美女伴他消遣……特别是宋太祖对他恩赐有加，常常坐在一起品茗、闲聊。

有一回，宋太祖亲自带他观赏一座异常典雅的宅第。当走进大厅小憩时，墙上挂着一幅夺人眼球的肖像。李从善定睛一瞧，竟是本国南都留守林仁肇。宋太祖不失时机地向李从善吹风说："林仁肇眼下就要来我朝供职。这不，为了取信于我，还派人遣送他的画像来。"他说得是那么得意，随后又指着林仁肇的肖像说："人还没来，就先把他的像挂上。这房子就赐给他了。"

李后主听说这件事吓得大惊失色，马上联想到林仁肇曾向他借精兵数万，朝中还有人密奏他有谋反的迹象。看来林仁肇真存反叛之心，早已和宋太祖勾结上了。若不杀他，难平朕的心头之恨！于是，他连夜派人前往南都，以鸩酒毒杀了林仁肇。

可怜的李后主却一直蒙在鼓里，他给宋太祖耍得好惨啊！只因林仁肇既有雄才大略又是一员虎将，宋太祖及其朝臣都畏惧他，才出重金雇画工潜伏在花都照着林仁肇的模样画幅肖像，使了这么个反间计。

继而，宋太祖又向李后主来个不大不小的挑战：遣使对李煜说："朝廷要修天下图经，独缺江南版图。"敏感心细的李煜不会不知道宋太祖的用意，可他不敢抗旨，不得不违心地命人录了一个列本送去。作为一国之君，把自己国家的版图交给异邦的国主，岂不是天大的笑话！

旬日，内侍传报，宋朝数万大军已兵临城下。李后主由朝臣陪侍火速登上城楼一看，只见四郊都是宋军的旌旗迎风招展，帐篷漫山遍野，顿觉头晕目眩，腿儿软。内侍忙搀扶国主下了城楼，即刻传旨召来文武重臣商议抗敌之策。朝臣纷纷议论一阵之后，张洎出班跪奏："外援已经断绝，建康城危在旦夕，急应组织敢死队，夜间出城，潜入宋军大营，打他个措手不及。"

李后主摇头不语。

陈乔又出班奏道："自古无不亡之国。降，自取其辱，未必得全。臣请背城一战，即使同圣上一道殉国，死而无憾！"李后主听了陈乔这番豪言壮语也没提起精神，却下龙椅握住他的手痛哭流涕，没有勇气采纳他的意见。

一天，内侍匆匆忙忙地报道："宋军已攻进城！"李后主的龙颜立刻变作死灰色，急步抢出门外谛听，只见城里到处滚滚浓烟伴着火光冲向云霄；宋兵的战鼓咚咚，号角悲鸣，杀声震天。他手足无措，复钻回雍和殿，扑向小周后，气喘吁吁地说："建康城陷落，如何是好！"

临危镇静的小周后首先想到朝政机密，急命执事女官带领众人一起动手把朝臣们的奏章抱出去焚掉，随即又令她们把珍奇墨宝、贵重典籍和价值连城的名画都抱出去焚毁。顿时，雍和殿前燃起熊熊烈火，发出噼噼啪啪的响声，浓烟如愁云惨雾四处飘散。

六宫美人儿也忘记了宫禁严规，个个惊恐万状地跑出来，围向小周后。此刻，小周后已顾不得正宫娘娘的尊容仪态，娇美的凤体颤抖着蜷缩在宫女中间。周围人头攒动，莲步杂沓，哭声、叫喊声混作一团。

宫外宋军的战鼓声、喊杀声越发逼近，殿前焚烧的火势越发猛烈，小周后和宫娥们灼灼的目光，都在迫使李后主刻不容缓地做出抉择：殉国还是投降。正当他犹豫不决的时候，宋兵已冲到第一重宫门。南唐后主李煜只好身着白衫，头戴纱帽，迈着沉重的脚步带领皇族与属下出宫递交降表。

平南将军曹彬率部把被俘的李煜等40余人押解到船上，从水路奔赴大宋国都汴京。曹彬久闻李后主是一位风流倜傥才华横溢的词人，如今同乘一只船，他好奇地凝视着李煜，发现那俊秀的容貌果然不凡，但此刻却现出一脸怅然若失的神色，不禁对他轻蔑地一笑：如此懦弱的国君，南唐如何会不亡！真是难为他还亲政了十五六年。

蜷曲在船舱里的李煜闭着双眼一声不吭，内心像涌起翻江倒海的波涛：南唐建国已有40载了。昔日南唐的后主，如今沦为亡国之君……一切皆如东流水，痛定思痛，心中暗自吟诵《破阵子》：

四十年来家国，三千里地山河。凤阁龙楼连霄汉，玉树琼枝作烟萝，几曾识干戈？

一旦归为臣虏，沈腰潘鬓消磨。最是仓皇辞庙日，教坊犹奏别离歌，垂泪对宫娥。

吟罢，暗自感慨万千地想：悔当初，不该轻信谗言，乱杀忠心耿耿的文臣武将！尤不该在国家大事上一再懦弱！

宋朝大将曹彬押解被俘的南唐国主李煜一行抵达汴京，监于明德楼下听候发落。翌日，献俘仪式的最后一项议程是宋太祖对南唐亡国之君的处置。李煜跪伏在明德楼下，浑身如筛糠似的抖动，直到宣读圣旨的太监以男不男女不女的声音读道：“皇恩浩荡，封李煜为违命侯。”李煜暗想，谢天谢地，谢不杀之恩。他被俘后就悬着的一颗心总算落下来。

可又想：“违命侯”，究竟是个什么封号呢？他细心一揣摩，个中含有讥讽与侮辱之意。他的心顿觉难受。

太监读完圣旨，又说：“圣上不杀尔，并赐园林宅第一座，尔还不快接旨谢恩！”李煜这才如大梦初醒，连忙三拜九叩谢太祖龙恩，侍立楼下。

宋太祖驾崩，其御弟宋太宗即位后，小周后常常被召进宋宫，说是侍候皇上燕乐，一去就得多少天才能放出来。至于她进宫到底做些什么？作为她的丈夫李后主一直不敢想象。只是她每次从宫里回来就把门关得紧紧的，一个人躲在屋里悲悲切切地抽泣。有一回，李煜实在憋不住了，破门而入，俯身安慰。谁知，小周后霍地起身，满脸是泪，可怜无助地号啕大哭。李煜刚要张嘴劝慰，却被她破口大骂：“你这懦夫，连自己的老婆都保护不了，让我跟那色鬼，备受亡国奴之辱！你快让我死了吧！”

李煜一声不吭，悄悄地溜出来。他何尝甘愿戴顶绿帽子？如今国破家亡，做了宋朝天子的阶下囚，除了把哀愁、痛苦、眼泪往肚里咽，还能说什么呢？

一天乌云蔽日，绵绵细雨，囚禁李煜的宅第，传出侍妾们为他祝寿的如泣如诉的歌声。这是李煜最近蘸着血和泪铸就的一阕《虞美人》：

春花秋月何时了，往事知多少？小楼昨夜又东风，故国不堪回首月明中。

雕栏玉砌应犹在，只是朱颜改。问君能有几多愁，恰似一江春水向东流。

正当小周后和黄保仪频频举杯为李煜祝酒，美女们载歌载舞庆寿的时候，忽闻宋朝太监刺耳的声音："违命侯李煜接旨!"

圣旨说，违命侯华诞之日，特赐酒器一套，御酒一坛，并差特使祝寿。

李煜叩谢龙恩后，特使陪着李煜喝了两杯御酒便告辞了。可怜的李煜怎么会知道，他用的酒杯是太监事先用剧毒浸过的。

原来，囚禁李煜的小院，昼夜都有宋太宗设下的耳目出没。李煜侍妾们的歌声一传出，就被耳目记下歌词奏报朝廷。歪打正着，宋太宗为把小周后接进宫，一直想谋害李煜，正愁没理由。有了这个借口，当即派特使鸩杀了李煜，此时，李煜年仅 42 岁。

懦弱性格的南唐后主李煜，终于没能逃脱亡国杀身的悲惨命运。

几乎每一种性格都有自己的优点和缺点，至关重要的一点就在于性格对事业的选择。懦弱的性格选择政界和军界，无疑将一事无成，甚至还会铸就命运的悲剧。何也？盖因政界需要刚毅坚韧的性格，军界需要勇猛顽强的性格，这一切与懦弱的性格格格不入。这是性格的差异，不是智慧的高低，读书学习可以很快提高人的智慧，但要改变一种性格却需要漫长的过程。

4. 文学创作——卡夫卡的明智选择

卡夫卡的性格实在是太懦弱了，懦弱性格影响了他生命的全部，但值得庆幸的是，性格懦弱的他没有去选择政治和军事，而是选择了文学艺术。文学成为他心灵的归宿，于是，他一生为人类留下了珍贵的文化遗产。

1883 年，卡夫卡出生在奥匈帝国所辖布拉格的一个犹太商人家庭。父母给他起名“卡夫卡”。卡夫卡作为姓氏来源于捷克语，其含义是一种尾巴很美的鸟——“鹩哥”。在奥匈帝国统治下，犹太人的地位是低下的，法律和政府对犹太人从事的职业、拥有的财产等有明确的规定，犹太人采用这个词为自己的姓氏也属迫不得已。在奥匈帝国，犹太人被认为是另类，是低人一等的贱民。在奥匈帝国，由于“卡夫卡”一词是强加给犹太人的，所以这个还带有骂人的贬义。卡夫卡就是出生在这样一个地位低下的犹太人家庭，而且他的名字本身就意味着一种被压迫的屈辱。

卡夫卡的父亲出身贫寒，但却是一个能干的犹太人。他从乡下来到城里，开了一家商店，虽然精打细算，也只能勉强糊口度日。由于深受社会地位低下、被压迫之苦，他一心想着出人头地、“翻身”的那一天。他有着一种强烈的愿望，希望能够进入社会上层，得到别人的尊重。他的全部想法都以这个目标为中心。为了达到目的，卡夫卡的父亲放弃了自己的母语，改用德语；连生活方式也开始改变——采取日尔曼式的生活方式。可是这一切都于事无补，他们毕竟是犹太人，根本不可能进入当时的主流社会，他们注定要在社会的边缘地带挣扎。但是卡夫卡的父亲似乎不愿意放弃自己的“追求”，希望有一天能够改变自己的地位与处境，而且不惜一切代价。

卡夫卡就是在这样的社会环境中出生和成长的。社会环境是险恶的，而家庭环境对幼小的卡夫卡来说也不是一个宁静的港湾。父亲的商店好像波涛汹涌的大海里的一叶小舟，随时都有可能被波涛所吞没。他的父亲不得不压缩各种开支，以维持这个小店正常运转。卡夫卡在幼年时代玩的玩具，除了最廉价的小画书、玩具小锤子外，差不多一无所有。然而，对卡夫卡来说，生活上的艰辛与困苦似乎是可以忍受的，给他幼小心灵留下累累的、终生难以治愈的创伤是父亲对他无休止的粗暴。卡夫卡一生都无法理解父亲对他的粗暴与专横。他在 1919 年写给父亲的信中说：“你可以随便辱骂捷克人，辱骂德国人，接着又骂犹太人，你不是骂某一些人，而是谁都肆意谩骂，最后只剩下你自己一个人没有挨骂。”卡夫卡就是在父亲粗暴的辱骂与咆哮般的叫喊声中长大成人的。从记事那天开始，卡夫卡整天像一只惊魂未定的小动物，在父亲的阴影下小心翼翼地活着。父亲早年留给卡夫卡的印象或是拉着长长的脸，为自己的生意发愁；或是对着他无情地、无休止地吆三喝四。像别的孩子依偎在父亲的怀里，听父亲讲故事之类的经历，不用说卡夫卡没有，他大概甚至连想都没想过。在这种家庭背景下成长的卡夫卡，不可能有自己的个性，在高度的压抑下形成了少见的懦弱的性格。

卡夫卡最终逃向了文学，在文学的王国里，他的确不是个懦弱者，甚至是一个非常成功的作家。这一切似乎得益于他对现实世界的逃离。但在现实生活中，他的懦弱也实在让人无法恭维。在学校学习期间，卡夫卡是好学生，但由于他太缺乏应有的自信心，学习竟然也成了他的负担。他学习成绩不错，但他似乎更愿意逃避现实，回到他自己营造的、看不见、摸不着的王国里。在那里，他是自由的，没有别人的训斥，也少了许多烦恼。

结束了小学学习后，10 岁的卡夫卡进入德语文科中学学习。在这所学校里，卡夫卡对周围的一切都感到冷漠。但在这里，他也获得了前所未有的欢乐，这就是对文学进一步的接触和热爱。虽然此时的卡夫卡还没有产生当作家的想法，但他开始接触大量的文学作品，并表现了极大的兴趣。博览群书成为他业余生活的重要内容，经常读书到深夜。这一时期是卡夫卡性格形成的重要时期，尽管周围的环境比家庭中略有改善，但他的性格并没有发生根本改变。在同学们中间，即使和别人交往，他也会保持一定的距离。他的性格进一步朝着内向、保守、矜持的方向发展，他依然和过去一样，对成功没有信心。他自己认为，他的这种性格的形成与他所受的“有害教育”密切相关。他的父亲仍然和从前一样，不容卡夫卡对他的话产生丝毫的异议，他还是那么粗暴，那么不理解他的儿子。有一次，读中学的卡夫卡在家中的小屋里点着煤气灯，专心致志地读着一本故事书。父亲走进屋，二话没说，粗暴地关上了煤气灯。类似这样的事情，卡夫卡已多次经历，在他的眼里，学校和家庭一起抹杀他的个性。此外，还有那些严厉的老师、接送他上下学的厨娘等，都是他所说的“有害教育”的参与者。卡夫卡到了该有自己主见的年龄，许多时候，他也有自己的想法，为别人漠视他的个性而感到委屈。可是，懦弱的卡夫卡没有丝毫的勇气和力量进行反抗，他似乎永远也坚强不起来。他只能自己待在一个小屋里，以逃避来避免自己受到伤害。在此期间，父亲并没有终止对卡夫卡的各种教育。他希望儿子像他一样，从小就有他曾经有过的军人姿态，因此他经常教卡夫卡走军人的步伐、行军礼等。但在他那高声叫喊中，本来胆小的卡夫卡，恐惧心理进一步增多。面对父亲的绝对权威，卡夫卡只是唯命是从，与父亲培养他的个性的初衷相去甚远，反而进一步使他丧失了自信心。的确，所有的教育方式和成长环境都与卡夫卡的性格相克、相矛盾，注定使他无法改变自己懦弱的性格。

性格上懦弱的人常常是敏感的人，也是容易受到伤害的人。卡夫卡的性格使他一步步远离社会，逃离尘世。他孤独，甚至绝望、内向、忧郁的性格特征，也使他无法融入社会生活。他选择了逃遁，逃向他钟爱的文学。文学，不仅是卡夫卡心灵的家园，也是他生命中的唯一选择。文学是他的王国，在那里，人们处处可以看到卡夫卡的影子。只有文学，只有在文学的王国里，人们才能够看到卡夫卡有了勇气，摆脱了懦弱。

1901 年，卡夫卡考取了布拉格大学。按照他个人的爱好，他应该选择文学专业。但他个人的意愿必须无条件地服从父亲的“圣旨”。他只好听从父命，改学法律。在攻读法律专业的同时，卡夫卡仍然把主要精力放在文学上。大学里的环境毕竟不同于他的家庭，不同于他所学习过的中小学，卡夫卡的性格有所改变，似乎不像从前那样懦弱了。从前，他没有勇气在女性面前讲话，而此时他与女同学的交往比以前增加了许多。他大量地阅读文学名著，参加一些文学活动，开阔眼界。他开始全身心地进行文学创作，内容首先来自他在现实生活中的种种磨难和所受到的伤害。

卡夫卡后来又创作了大量饮誉世界的作品，但是在他刚刚进入文学这个人类精神家园的时候，他有过别人不曾有过的痛苦经历。有一次，正当他潜心写作时，他的父亲走过来，夺过稿纸，简单地看了一眼，又把稿纸扔给卡夫卡，用他经常使用的嘲讽口吻对卡夫卡说："这个破玩意儿！"父亲的举动好像在卡夫卡的脸上重重地击了一掌。世界、社会、人生对卡夫卡竟然如此冷酷，他彻底放弃了抗争的想法和念头，他更加孤立自己，远离这个世界，而到文学中寻找栖身之地。尽管卡夫卡没有结婚，但他的家族还是人丁兴旺的。尤其是他妹妹结婚生孩子后，他家里比从前热闹了许多，但他却感到更孤独，觉得自己在父母和妹妹中间是"比陌生人更陌生"的人。他不仅在心灵上躲避家人，而且在生活上也与家人格格不入。他尽量回避自己的家人，或是躲进自己的房间，或是外出散步。但是他那丝毫不能改变的性格，决定了他没有勇气离开家庭，只能忍受这种现实。卡夫卡就是这种性格、这种人。

性格懦弱的卡夫卡不是孤僻的人。在获得博士学位后，他的社交活动也是比较频繁的。但任何一个人都是一个复杂的矛盾结合体，这在卡夫卡身上表现得尤为突出。他希望自己有一个安静的环境，在没有他人打扰的情况下，独自一人在文学的海洋里畅游。他的性格决定了他注定是孤独的。和许多人一样，他渴望孤独的时候，又害怕孤独。在他的内心深处，孤独和盼望与人交往常常展开激烈的矛盾冲突。孤独作为一种他人不容易体验的境界，在卡夫卡那里也充分地表现出来。

卡夫卡在世时并不算是一个默默无闻的作家，但是真正名扬欧洲文坛却是在他死后的 20 世纪 40 年代。人们通过阅读卡夫卡的作品，了解到了作家本人的苦恼、孤独和苦闷。卡夫卡独特的创作手法，对后人产生了重要的影响，欧美许多作家模仿他的创作手法，借用他的题材，进行创作，形成了"卡夫卡热"。卡夫卡作品的主人公几乎全部都在写他自己，表现自己的内心世界。在他的笔下，世界是荒诞的，人生毫无意义，而且这种毫无意义是人类自己造成的。这实际上是他本人的生活经历和对自己性格成长的一种感悟，也是他对自己生活中的压抑、孤独、苦闷的感悟。

卡夫卡短暂的一生没有多少戏剧性和变化性。尤其在性格上，即使不是始终如一，也没有发生任何本质性的变化。他性格的懦弱，没有影响他在文学艺术上的追求。与此相反，懦弱的性格使他选择了一条逃离现实的道路，这就是文学。文学与他的性格联系在一起，成就了这位不是专业的著名作家。

第二节　根据性格选择职业

心理学研究表明，性格影响着一个人对职业的适应性。选择职业要考虑性格的职业品质，尽量选择适合自己性格特点的工作。因为无论哪种职业都会对人的性格提出特定的要求，要适应这一职业就必须具备这一职业要求的性格特征。而且职业对人的性格要求往往是与职业的道德要求相一致的。一定的性格适合于从事一定的职业，同时，不同的职业对人有不同的性格要求。一个人在考虑和选择职业时，不仅要考虑自己的气质和能力，还要考虑自己的职业性格特点，从而根据自己的性格选择最易适应的职业。

根据个人的性格选择适宜的职业对于任何一个人来说都是非常重要的。如果在选择职业时不考虑到自己的性格因素，硬要去选择那些与自己性格不适合的工作，那么这些人必然要经历更多更严重的失败，如果不及时改变可能会一事无成。而那些根据自己的性格选择职业的人，却可能如沐春风，扶摇直上。

外向型的人一般适合以集体为单位所从事的职业。公务员、公司职员等广义上的工资生活者，大都在集体的工作单位中工作。所以，工资生活者的职业适合这种类型的人。

但是，工资生活者也有不经常与人见面的职业。外向型的人不适合那种在一人一室的条件下工作的职业。即使是在与人经常接触的单位，也有记账、记录、整理材料、操作机器及实验观察等默默无闻的工作，这亦是不适合外向型人的职业。外向型的人，适于与他人共同协作的工作。

外向型的人适合与人接触的工作。如果是工资生活者，就适合于有关涉外（交涉、谈判）的工作，即使不是工资生活者，也适于广泛的服务部门及推销方面的工作。外向型的人，擅长以人为对象进行活动的工作。在外跑的人多是这种类型。

总之，这类人适合进行广义的宣传普及工作，也适于教育工作，如果这方面能力突出则适合对他人进行监督、指导和统率的工作。但是外向型的人，也有作为实业家、政治家而获得成功的。

内向型的人，一般适合于不以人而是以物（书类、器械类、动植物、自然等）为对象的职业。他们最适合一个人进行工作的职业，也适合有几个人，但各自并不交叉，而是并行作业的职业。

这种类型的人，在特别需要毅力的工作方面能发挥其优势。外向型的人，能出色地完成那种容易中途停顿或半途而废的工作；而内向型的人则适合干那些要求细致、严密性、规则性强和单纯重复的工作。例如，学者、研究人员、技师、文书、会计、计算机或文字自动处理机的操作员、穿孔员、打字员及流水作业者。

内向型的人，不适合那些必须以巧妙手段应付复杂的人事关系，并与世俗烦杂事物相关的职业。例如，这种类型的人员适合当经济学家，却不适合当公司经营者，也不适合在服务部门工作。

其次，性格决定你的行为方式、兴趣爱好，它可以在你选择职业中起决定作用。你的工作方式，以及你在工作中的乐趣、成就感决定你的择业是否成功，而这些决定因素全取决于性格，所以应该根据自己的性格选择职业。天才也怕入错行，你也许是天才，因为你有你自己极其优秀的一面；你肯定是个天才，只是你入错行了而已。你入错行了吗？

所以，请你相信，天才就在我们身边。你之所以对工作无法投入热情，感到压力重重或看起来碌碌无为，是因为你的潜能尚未尽数释放，换言之，你或许入错了行，入错行的天才犹如尘埃下的宝石，别人看不到你的价值，连你自己也会忘记，原来你是可以发光的。

第三节　根据气质选择职业

一、多血质人择业

多血质人，在激烈竞争的社会中，在瞬息万变的情况下，能够施展出自己的才干。他们是充满自信的人，他们有活动能力，而且会越来越强。种种体验和锻炼，都会成为有益的东西。所以从一定意义上说，多血质人对所有的职业都具有适应性。重大局、不贪小利、不感情用事等，这都是多血质人在气质方面的长处，他们具有较突出的外向性格，适应于社交性强的工作，如政治家、外交家、商人、律师等。

而事实上，与其他气质的人相比，多血质人在处理复杂的人际关系上并不擅长，甚至是迟钝的。但他们能够以自己的长处来弥补自己的短处。他们与其他人合作，一般能出成绩，这就是证明。

在事业上成功的多血质人，无论是在哪一个职业范围，几乎毫无例外都是勤奋的人。派给自己的工作，越艰巨越能激发出他的斗志。他们能以天生的顽强和苦干精神，去克服困难。

对过于简单、细致和琐碎的工作，对缺乏竞争和刺激、只要求细心谨慎的工作，多血质人是产生不了兴趣和热望的，也做不出引人注目的成绩。

如何处理个人与团体的关系，是多血质人是否能在一个团体内维护下去的检验标志。

多血质人不喜欢没有波澜的工作，他们总希望由自己来整治乱状态，并将其引入安定的局面。

多血质人之所以这样，是由于他们不安于现状，总是渴望着向前、向前。所以，总愿置身于不断发展的潮流中的多血质人，往往会选择职业运动员一类的职业。

多血质人对所有职业都有适应性，无论哪一门类的哪一种工作，他都可以胜任。而且，多血质人很快就可以成为一个团体中的独当一面的人物。

如果从成果上对他的工作进行评价，那就可以看出，多血质人比其他气质类型的人能钻研得更深入，贡献也相当可观。他们能使工作全面地向前推进，因而他们可以出色地胜任管理工作。要是再有一个好助手，那多血质人就完全可以成为一个成功的管理者。

多血质人能适应社会的进步，以发展的眼光进行谋划、设计。因此，他们对经商、计划、广告一类的职业的适应性很强。

商业活动中，市场调查、商品规划和扩大销售，是三大支柱。

这三大支柱互相紧密相依，支撑着商业活动的进行，而多血质人在这三大领域中，都能够有很好的发挥。重要的是，不要去模仿其他气质者，多血质人要选择更能发挥自己长处的领域，一步一步攀登，不急躁、不慌张，以最高水平向着目标奋斗下去。

二、抑郁质人择业

执着于社会，想在精神上得到满足的环境中生活，就连挑职业时，也要选择具有精神素质的职业。

但实际上，抑郁质的人，存在于任何一个领域。

抑郁质人最大的特征是内向、情绪化。

抑郁质人无论对什么职业都能一丝不苟。他们责任心强，干什么都会加倍努力。他们中的许多人能成为中坚分子，担当着可靠的角色。

抑郁质人的内心很孤独，很不擅长与人共事，因此，在与人交际较多的职业上，他需要花费更多的努力。

如果有人不服从集体意志而要固执地坚持己见，那往往是抑郁质人。

对于以人际交往为主的职业，如外交官、政治家、商业等外向型职业，抑郁质人都没有适应性和兴趣。

而在只需要一个人刻苦奋斗的学术、教育、研究、技术开发和医学等内在要求慎重、细致、周密思考的职业领域，抑郁质人就会感到适合。

一般的看法是，抑郁质人在学者、教育家、研究人员、技术人员、医师等比较内向的职业领域里，有较强的适应性。

抑郁质人积极认真、努力向上、毫不懈怠，富有协调精神，做公务员而成功的很多。抑郁质人希望世界安定、平静、和平，这种气质特征，很好地为他们从事公务员的职业开辟了道路。

由于抑郁质人在研究部门、技术部门等职业领域有适应性，因此，他们当中，从事这些工作的人特别多。

抑郁质人有思考力、协调性，因此在会计、一般事务等方面适应性也比较强。

三、胆汁质人择业

充分利用自己所具有的适应性而成功的胆汁质人很多。

已进入职业第一线的所有的人，都应该很好地克服自己的性格弱点，平凡地工作，不懈地努力。

而最重的是，尽量发挥自己的长处。

胆汁质人一旦就职，往往会对本职工作不那么专注。即使是深思熟虑后选择的工作，也没有一定为这个职业奉献全部身心的心情。

不少胆汁质人经常更换工作，不断更换单位，甚至更换职业。

也有不少胆汁质人凭着自己掌握的知识和技能，不要固定工作，而是成为自由职业者，自由自在地生活着、工作着。

这样的人，如果找到自己满意的工作，有时也会飞黄腾达。

从职业的角度看胆汁质人，他们比其他气质的人要自由。

胆汁质人最大的气质特征是外向性、行动性和直觉性。因此，可以说胆汁质人对政治家、外交官、商人等职业有适应性。

不是靠努力工作、不断进取，而是要自然地培养自己的实力，这是胆汁质人的特点。

胆汁质人具有脱离社会生活的生命力。

他们冷静地注视着一切现实，对自己身边发生的事情，也是以旁观者的态度来对待。因此，他们对作家、记者、图案设计师、实业家、护士等职业也有适应性。

他们凭兴趣和感情行动，在行动过程中选择职业。

也有的人从事需要敏锐感觉这种特殊才能的工作。在这一点上，胆汁质人是得天独厚的，所以，他们并不忙于未来生活的设想，而是尽情享受现实的快乐。

也正是这个原因，一旦目标选择错了，有了重大的失误，胆汁质人就会一蹶不振，在社会上销声匿迹。

相信实实在在的实业，不相信虚的东西，这也是胆汁质人的特点。

在政治家、外交家、商业家、作家、记者、设计师、实业家、护士等比较外向的职业领域里，胆汁质人有适应性。

另外，在体育界，胆汁质人也比较活跃。

他们当中的许多人，凭着后天练就的技术、身体素质，再加上天生具备的本能等因素而活跃在行业前列。

胆汁质人看起来与细致工作无缘，其实并不尽然。胆汁质人也有特别精细的。不拘于眼前的胜负，而专注于行动，热情地向自己的极限挑战，这也是他们的特征。

胆汁质的人只要干，在任何部门都要显示出较强的适应性，特别在规划、广告、商业等方面，更是如鱼得水，会取得显著成果。

四、黏液质人择业

通常，能依职业适应性选择工作的人是不多的，而且可选择的范围也较窄。但黏液质人在正确把握自己的适应性选择职业方面成功率极高。

有这样的例子：确认某人不适应某种职业，但他却去做了，并且获得了成功。这也许是因为他选择的职业足以使他引以为豪，于是克服了它的不适应之处。对缺乏适应性的职业进行挑战，也是发现新的适应性的方法。

对于聪明的黏液质人来说，挑战也是一种生存方式。

黏液质人的出色之处是他们大多数都能很好地利用协调性、积极性、社会性及感情稳定性表现自己的才能，发挥出卓越的能力。而且不论地位高低，都能在各自的行业中占有重要位置。

黏液质人能力不凡。他们不仅能从事学术、教育、研究、技术、医师等内向型职业，而且可以活跃在政治家、外交官、商人、律师等外向型职业领域。他们当中，以其独特才能驰骋在作家、漫画家、艺术家、服装设计、广告宣传、新闻报道领域的也不少。

当然，由于黏液质人能冷静地判断自己的才能，所以对不完全熟悉的特殊专业他们并不勉强自己。不少人会作为一名普通工作人员，在一个死板的机关里辛苦工作一辈子，直到退休。

黏液质人一般来说是能干的，他们的工作能力都较强。

黏液质人处世精明，情报收集能力也出类拔萃。如果他们对自己的才能抱有自信，与其在稳定的职业上平平庸庸地干，不如选择一个新的领域，进入有希望的行业试一下。

黏液质人在混乱时期，在前途未卜的场合，比较能发挥自己的能力。

事实上，黏液质人在改行后也能获得成功的例子在各个领域都不少见。所以，对他们来说，在职业选择问题上要放宽视野去考虑。

事实证明，在所有领域里从事工作的黏液质人，大都是优秀的，常常被认为是能人。

在实际工作岗位上，黏液质人多数表现为精明强干。如出色的公务员、有才气的作家、头脑明晰的银行家等。

但是，黏液质人的职业选择范围不广，可以说很窄。尽管如此，他们却活跃在广泛的领域里。与职业适应性一样，他们对工作岗位的适应性也很强，最适合于他们的工作岗位是策划及一般事务之类。

策划部门的工作是根据市场调查的结果，为企业开发、创造能吸引消费者的商品、促进销售而提供广告宣传、计划设计及广告制作等。

一般事务部门的工作是统管人事劳务。其中包括文书、行政、事务等管理工作和总务、人事、劳务、工资、劳动秩序等管理工作以及职业培训、融通劳资关系等。

总务部门中有各种各样的工作。各企业的总务内容也不尽相同。但总务工作却决定着一个企业的运转。所以，黏液质人的地位，往往不容忽视。

第四章

个性与交际

人际交往对每个人的发展、成功具有极其重要的现实意义。人际交往是个体社会化的必经之路，是个体获得心理健康的源泉，是个体智能和品质获得的途径。人际交往水平的高低，直接关系到每个人是否能够生活幸福、工作顺利、事业有成。

在人际交往中，一个人的人格魅力会在很大程度上影响到他的人际吸引力。人们一般都喜欢那些具有真诚善良、热情友好、积极乐观、宽容大度、守信可靠、机智幽默等个性品质的人，而讨厌那些为人虚伪、自私自利、孤僻冷漠、狂妄自大、嫉妒心强、悲观失望、因循守旧、刻板教条、能力低下等个性的人。良好的性格是一个人内在美的展示，是产生持久吸引力的源泉。拥有良好的个性在交往中才会受到别人的青睐，与此同时，自己也才能得到与他人和睦相处、得道多助的愉快体验，才会产生安全感、成就感。而不良的个性会成为人际交往的绊脚石，使自己陷入孤立无助的境地，产生寂寞、失落、烦恼、痛苦等情绪体验。

无论在学校、工作单位还是家中，无论是陌生人还是熟悉的人，无论是孩童、青年还是老人，无论时代如何变迁，良好的个性都是受人欢迎的资本。良好的个性会带给你和谐的人际关系，这是事业成功的重要支柱，同时良好的个性也直接制约一个人事业的成败。未来社会，竞争日益加剧，压力与日俱增，唯有那些自信乐观、积极进取、开拓创新、顽强不屈、坚持不懈的人，方能适应社会的变迁，取得较大的成就。

一、不同气质人的人际关系

1. 多血质的人如何处理好人际关系

（1）多血质—多血质。

对于多血质型气质的人来说，在他所接触的人中能够成为知己的，或是虽会有隔阂但对自己仍没有威胁的人当中，那些本来不是这样而有时候忽然意外地表现为阴郁或神经质的人，一定也是多血质的人。

在单位里，在工作上，当必须适应一些人与事的时候，多血质的人总是会改变自己，表现出君子风度。

他们并不讨厌和不相识的人进行谈话。他们气质上的特征总是直接地表现出来。他们心里想什么就说什么。他们是活跃的分子，是积极分子。

在学生时代，他会是劳动积极分子、体育积极分子、工作积极分子，但不一定会是学习积极分子。长大以后，他会是一个党员、一个干部。

对于多血质的人来说，在与他们相同气质的人为伴的时候，双方都能够很快地理解对方的心情和行动的意义。即使看到对方有些神经质，他们也会马上理解，而不会有特殊的想法。尤其是在非常痛苦的时候，他们更能做到相互理解和同情。如果结伴者都是多血质的人，即使不说话，相对沉默，他们也能够感觉到对方对自己的理解，而有心心相印的感觉。

而当发生了利害关系的时候，即使是朋友，他们也要据理力争，不把利害关系严格地确定下来就不肯罢休。

他们之间，往往公私分明：友情归友情，工作归工作，区分得很明显。而在他们工作上有矛盾的时候，也不会影响他们之间的友情。

（2）多血质—抑郁质。

多血质的人往往觉得抑郁质的人尽管做事冷静，说起话来心平气和，善于站在听者的立场听取别人的意见，可是一旦想要同他们一起干些什么就停留在表面上，似乎胆子很小，不敢深入。

但是，正是在这种时候，多血质的人的短处，也在抑郁质的人面前暴露出来，比如虚张声势、过于急躁、固执、蛮干什么的。

从好的一面看，在多血质的人看起来，抑郁质的人办事慎重、情感丰富、有同情心、为人谦虚、沉默，富有魅力，等等。

而对抑郁质的人来说，他们对于多血质的人的缺少谦让、不管对方心情如何而只想按自己的主张办事、宁可无情地舍弃一切也要强行推行自己的主张等态度，尽管也能够做出让步，但总抱以批判态度。

当然那些和抑郁质者关系搞得好的多血质者，还是能够得到抑郁质的人的全力支持和信赖的。

尽管多血质的人只能部分地理解抑郁质人心里所想的事情及他们的行动原则，但如果能在接触中保持一定距离，他们之间的相互关系反而能够顺利地发展下去。

从好的一面看，在抑郁质的人看来，他们觉得多血质的率直坦诚，是可以交往的人。

(3) 多血质—胆汁质。

当多血质气质的人和胆汁质气质的人相遇在一起、发生联系的时候，在多血质的人看来，胆汁质的人虽不是什么不好的人，可是总显得有点不够谨慎，马马虎虎，没常性，好出风头似的。胆汁质的人虽然办事很积极，能够做到尊重事实，但是他们意志薄弱，喜怒哀乐形于色，做事华而不实。

和多血质的人有所接近的胆汁质的人，往往会产生这样的心情，好像因为自己有了一个强有力的靠山，所以自己本身的存在则显得无足轻重了。

对胆汁质的人来说，多血质的人是意志坚强、充满自信、富于理智，并且是具有实际活动能力、精力充沛的人。

胆汁质型的人只看到多血质型的人的长处，因为他们的长处，很多是他们所不具备的。

也正是这个原因，胆汁质者就更能感到多血质者是很有吸引力的人物。

由于这两种类型的人的亲近程度一般只能保持在一定的限度上，而不会被感情所左右，所以多血质者的缺点也就很难为胆汁质者所看到。后者对前者，其态度往往是非常诚挚的。

在多血质者和胆汁质者的相互关系上，后者在许多场合都是尽力为前者服务的。不过，为了维系各种人际关系，则需要人们之间的互相帮助。所以，多血质的人也意识到，胆汁质的人为自己那样地尽心尽力，如果自己丝毫也不愿意为他们做出一些努力或某些牺牲，那么他不仅会失去这样的好伙伴，而且他的一切也会变得不成样子。

（4）多血质—黏液质。

从多血质的人的角度来看，黏液质的人的长处在于他们的直觉很敏锐，非常注意同别人的关系以至有点神经过敏。

他们为人亲切，所以无论和谁都能搞好关系。

他们的头脑又是那样的聪明果断。

在多血质的人的印象中，黏液质的人往往是很杰出的人物。

多血质的人虽然总是怕被黏液质的人的魅力所吸引，可是真的要亲近他们，又会感到这类人难以捉摸，好像是被他们弄蒙了一样。

由于多血质的人总是直来直去的，所以对黏液质的人的所作所为，会不耐烦，并为此感到不安，因为，有的时候，他会感到黏液质的人老在盯着自己看似的。

而从黏液质的人的角度看多血质的人呢？

在他们看来，多血质的人做起事来我行我素，不够沉着稳健。

多血质的人不善于推测事物的发展变化。

多血质的人待人不够热情，态度顽固。

对于他们看到的多血质人的这些缺点，他们表示担心，可也无可奈何。

他们认为多血质的人缺少风度，感觉过于迟钝，总是不考虑别人的事情。因而，他们总是认为多血质的人搞不好关系，不善于为人处世。

2. 胆汁质的人如何处理好人际关系

（1）胆汁质—抑郁质。

当胆汁质的人和抑郁质的人在一起发生联系时，对于前者来说，常常会不满意。

胆汁质的人，会觉得抑郁质的人是认真单纯的好人，可是有心眼小、欠果断、内向、悲观、掩饰自己等不足。

胆汁质的人觉得抑郁质的人的自省、谦让是可取的，可是不喜欢他们的不爽快、不直率。

抑郁质的人的这些缺点，胆汁质的人都能看到。

这两类人接触，抑郁质的人即使是看出了什么，也不坦率说出，这样，就会被胆汁质的人瞧不起。

对于抑郁质的人来说，胆汁质的人果断、善于交往，不爱说伤害别人感情的话，开朗、乐观。

当然，胆汁质的人的缺点也很明显。

胆汁质的人尽管与抑郁质的人来往，但不会以他们的框框、标准去思考、行事，因此看不到他们的一些缺点。

抑郁质的人比较注重精神世界；而胆汁质的人则比较注重物质上的往来。

他们如果相互调节，关系还是能搞得不错的。

（2）胆汁质—黏液质。

对于胆汁质人来说，黏液质人热情、郑重、关心体贴人、富有同情心、理解力强，是不容忽视的人。

黏液质人总是给人以一种冷静、默默倾听别人诉说的印象，是很有魅力的人。

这两种人在一起时，不知不觉有一种同心协力的心情，不由自主地想交谈。

在黏液质人的眼中，胆汁质人特别健谈，不够慎重、踏实。同时，胆汁质人实话实说，但过于夸张，对同一事情的处理方法，一天一变，有点不可信。

随着交往的加深，黏液质的人会越来越多地发现胆汁质人的缺点，因而对他们评价较差。

能和黏液质人很好相处的胆汁质人，并不是将自己推销给黏液质人，而是能在自己的道路上前进，并且，没有要利用黏液质人的意思。

要得到黏液质人的帮助，胆汁质人就必须合着他们的步伐，不要过分强调自己的特点。

(3) 胆汁质—胆汁质。

相同气质之间，没有强弱的关系。

胆汁质的人不讲原则。

但胆汁质人完全凭真心说话、行事。

同是胆汁质的人，能顺利地理解对方，他们的感情很容易沟通，说话也很投机。哪怕是在事情极端复杂、千头万绪的时候，胆汁质的人也能彼此理解和沟通。

他们在相互交往时，不会有隔阂。

胆汁质的人开朗、热情，看上去与谁都能很好相处。但他们不愿意在陌生人面前出现，他们只愿和相互了解的人往来，此时他们真诚相待。

胆汁质的人带有封闭性，但不严重。这是因为胆汁质人总觉得与不熟悉的人接触就像隔着什么。

但如果对方同样是胆汁质人，哪怕他们再陌生，也不会有隔阂感。

但胆汁质人之间志趣相投。他们只看重真正的胜负、业绩和事实；为此，他们能够面对彼此的缺点。

当彼此有矛盾时，他们以事业为重，尽可能化解矛盾。在化解时，尽量替对方着想。

3. 抑郁质的人如何处理好人际关系

(1) 抑郁质—抑郁质。

抑郁质人不擅长与人交际，不擅长与陌生人交谈。

但是面对熟悉的、亲密的人，面对知己，他们会出人意料地发挥出他们很强的社交才能。

特别是当他们都为抑郁质人时，他们能够确确实实地为对方服务，为对方尽心尽力，对对方有好处的事尽力去做。

随着年龄的增大，随着阅历的增加，他们越来越不肯把真心话一下子说出来。

他们往往只说一些原则性的话，说一些可说可不说的话。

他们有的时候表现得不太自然，好像心里有疙瘩。

抑郁质人与抑郁质人彼此在一起时，能互相理解对方的心情，尤其是在危险的时刻，他们更能相互理解。

他们彼此之间，往往都能理解对方在想什么、有什么打算。

在对方有困难的时候，他们能尽力去帮助。

（2）抑郁质—多血质。

抑郁质的人和多血质的人在气质上差异性很大。两者的关系可以说是既对立又统一，好坏两方面都表现得非常明显。

从好的方面来说，抑郁质人在多血质人的眼中显得为人处世谨慎细心，内心感情丰富，有着像大海般广阔深邃的同情心，为人谦虚平和，不喜说三道四、搬弄是非，信奉“沉默是金”的人生格言，是一个有情有义、感情丰富、思想深刻的人。

从坏的方面来说，抑郁质人在多血质人的眼中往往显得胆小怯懦，说话行事不果断，缺乏一定的魄力。尤为糟糕的是，由于抑郁质人做事比较冷静，常三思而后行，且不轻易吐露自己的见解、观点和心事，因此在多血质人看来，似乎很难与抑郁质人进行比较深层次的交流，难以成为推心置腹的朋友。

反之，多血质人在抑郁质人眼中同样也存在着对比较鲜明的好坏两方面特征。

比如从好的一面说，抑郁质人比较欣赏多血质人的坦率真诚，为人行事果断大胆，富有魄力，不世故、不伪诈、敢作敢为，是一个具有行动能力的人。

而从坏的一面说，多血质人在抑郁质人看来往往显得有些咋咋呼呼，说话行事急躁冒失，常不顾及后果地一味蛮干，感情粗糙，思想肤浅，是一个缺乏美感的人。

抑郁质人和多血质人相处，如果能较为客观地评判自己与对方，并使自身的心胸豁达大度一些，双方理智地保持一定的距离，那么相处可能会更融洽、顺利。

（3）抑郁质—胆汁质。

这两种气质的人交往是比较困难的，可以说两者的相处常使双方都会感到不太满意。

抑郁质的人往往比较注重精神层次上的交流，而胆汁质的人则比较看重物质上的来往。一个比较形而上，一个比较形而下。

两种气质的特点前面已提及，此处不再赘述。

从对方的眼光来看，彼此的差异几乎是无法消除的，而且常常会因此引起厌恶感。对胆汁质的人来说，尤其是如此。

比如说，抑郁质人比较内向、自省，为人处世平和谦让，不轻易指责他人，这一切在胆汁质人看来则显得胆怯、畏缩、圆滑、虚伪，并因此而贬低抑郁质人。

相对这一点来说，抑郁质人倒是更能欣赏胆汁质人的长处，比如胆汁质人的乐观、开朗、泼辣、果断、善于交际等，但对胆汁质人有时过于咄咄逼人的言行则会耿耿于怀，虽然嘴上不愿说，内心却是不以为然的。

这两种气质的人若要融洽相处，最重要的一点就是要学会将心比心，而不可以用自己的好恶来衡量一切。

（4）抑郁质—黏液质。

谁都不喜欢抑制自己感情的起伏，而黏液质的人尤其如此。

在黏液质的人看来，抑郁质的人非常有耐心。

抑郁质的人把自己包围在舒畅的气氛中，绝不强制、压抑。

抑郁质的人有同情心，言行始终有规律并很正确。

这些，使得黏液质的人对他们非常好感。

抑郁质的人不随便发言，言语行动有节制，耐心倾听别人说话，很客气。

抑郁质的人还有牺牲精神。

在抑郁质的人的眼光中，黏液质的人如何呢？

黏液质的人行动、感情都相当细致。

他们聪明、能干，可聪明过分、能干过分时，又常常会招致失败。

有时候，黏液质的人情绪波动，容易发脾气。

当抑郁质的人发现黏液质的人的这些缺点时，他们会很失望。

抑郁质的人认为从始至终的经过都很重要，要在一贯性中承认价值。而黏液质的人则缺乏一贯性，会突然被抑郁质的人认为是小人。

跟抑郁质的人相处融洽的黏液质人就是抑郁质的人的信奉者。

他们在一起的时候，往往抑郁质的人是作为幕后而存在，给黏液质的人出谋划策，而自己并不抛头露面，把好处都给黏液质的人。

4. 黏液质的人如何处理好人际关系

（1）黏液质—黏液质。

黏液质的人是少数派，他们的很多气质特点是从小时候开始的，在多数派的包围中培养起来的。

黏液质的人与黏液质的人，相互之间只要进行简单的交往，就可以消除隔阂，越过一切障碍，使各自的心情很快轻松下来。

彼此沟通了的黏液质的人，可以成为相互消除社会疲劳的朋友。

一旦发生什么危险，他们会丢下个人得失，尽力给予同伴帮助。他们彼此依靠，互相团结，其他气质的人难以接近这个阵营。

尽管彼此都是黏液质的人，都很了解对方的情况，但是对方毕竟不是自己，所以，他们都明白，对方与自己最好，也还是有界限的。

相处融洽的黏液质的人，都是既能脚踏实地，又能恰当处理好关系的人。

（2）黏液质—多血质。

这两种气质的人的关系往往显得比较奇特。因为二者都不太信任对方，但关系却能相处得比较融洽。

在多血质的人的眼中，黏液质人虽然有些神经质，神神秘秘的让人感到不安，仿佛什么事都瞒不过他，一切尽在他的掌握之中以至于在他面前变得无所遮掩，并因此而产生某种没来由的恐惧与紧张，但多血质人却总是感觉黏液质人具有某种说不清道不明的魅力，虽然担心被他利用和蒙骗，但还是乐意接近他。

而在黏液质人的眼中，多血质人往往显得不太可靠，因为其感觉过于迟钝，为人处世固执己见，难以接受别人的意见，对事物的发展变化缺乏深刻的洞察力与预见力，如此等等。

但奇妙的是，黏液质人虽然在某些方面不太看得起多血质人，但多血质人正因其固执的天性而对黏液质人的忠诚却足以令黏液质人折服。

这两种气质之人的关系可以说是领袖与追随者的关系。

（3）黏液质—胆汁质。

黏液质人是具有一定的领袖气质的人。他们的直觉敏锐，善于处理错综复杂的人事关系，是一个不容忽视的、深孚众望的、具有强烈个人魅力的人。

而胆汁质人善于言谈，喜爱结交朋友，这一点很受黏液质人的欣赏。

但胆汁质人说话办事往往表现得浮夸、粗糙，不太可靠，因此不大会受到黏液质人的真正尊重。

因此，这两者要处理好关系，胆汁质人所要做的事情似乎更多。他需要脚踏实地，走自己的路，同时又要善于藏拙，不要过分表现自己，以免显得虚夸浮躁，只有这样才能真正赢得黏液质人的友谊。

（4）黏液质—抑郁质。

黏液质的人对抑郁质的人几乎是天生具有好感的。

这两种气质的人拥有一个共同的特点，那就是情感都很丰富细腻。这一共同点使得他们能够真正地欣赏、尊重对方。

但也正是因为这一点，他们又往往能够异常细致地体察到对方的缺点，甚至会因此而达到彼此难以容忍的地步。

在两者的交往中，抑郁质人显得更有耐心，更富有自我牺牲精神，善于克制，不乱发脾气，不轻易恶语伤人，是一个聪明、细致，而又耐心周到的倾听者。

而黏液质人虽然也是属于感情细腻型的人，但在与抑郁质人的交往中，往往显得有些急躁，易发脾气，情绪容易波动起伏，他们常常无法忍受自己的失败展现在抑郁质人的面前。换句话说，抑郁质人的冷静、谨慎、宽容常会使黏液质人觉得自己有点荒唐可笑，甚至是无足轻重。

在很多场合，这两种气质的人往往是处于亲密合作的关系。

黏液质人是个好领导，而抑郁质人则是一个高明的参谋。

二、性格对人际关系的影响

1. 忠告外向型思考类型的人——己所不欲，勿施于人

如果你的朋友较少，可能是由于你对自己或周围的人太苛刻。这种类型的人无论做什么事都先要做出“应该如何如何”的判断，常常忘记关心一下别人的情绪或心情。所以，自己虽然毫无这方面的想法，别人都会认为你冷淡、自以为是。你应该更宽厚些，接受别人邀请时，不要认为浪费

时间，应该努力去交往。你如果在交友时过于刻板，应该做些调整，让自己变得灵活些。记住：世上没有十全十美的人，如果过于苛求，那么你将一无所获。宽容一些，灵活一些，人情味浓一些；己所不欲，勿施于人。

愚人节又来了，丽丽心血来潮，一早打了个电话给同事炅炅，炅炅一接电话，丽丽兴奋地说："祝你生日快乐。"

"什么，你搞错了，今天不是我的生日。"炅炅的声音有一丝不快。

"没错，你看看日历，祝你生日快乐！"丽丽兴奋依旧。

炅炅一看，四月一日，怒气冲冲地骂了一句"无聊！"用力挂上电话。

丽丽一时反应不及，心想炅炅怎么这么没有幽默感，一点小小的玩笑都开不起。

上班后，丽丽接到一大束红玫瑰，卡片上写了"晚上七点巧力西餐厅见，知名不具"。她心中雀跃不已，心想男朋友哪来的这样好兴致？

七点一到，丽丽准时抵达餐厅，却迟迟不见男友阿嘉的影子，最恨人家迟到了，她发誓一定会让他死得很难看。

七点半到了，阿嘉依然还没有来，丽丽决定自己先吃了。菜端上来，吃了两口，有个人姗姗来迟。

"小丽，饿成这个样子，不等我来，自己先吃了起来。"阿嘉一脸疼爱的笑容。

丽丽不理他，继续品尝桌上的美食。

"生气了啊？我迟到了吗？"阿嘉看了一下手表，"没有哇！才七点五十三分！"

"还说没有，你和我约七点，现在才到，你不觉得可耻吗？"

"我和你约七点，哪有，不是你传真给我说八点到巧力西的吗？"阿嘉从口袋里掏出一张纸，递给丽丽。

"什么？传真？我没传什么东西给你呀！这是什么，该不会是你捏造的吧？你该不会说你没有送我花，送我卡片吧？"

"我……"阿嘉真是哑巴吃黄连。

正当两人为此事僵持不下时，服务生递来一张卡片——

"阿嘉，丽丽，愚人节快乐！最佳损友炅炅上。"

丽丽气疯了，炅炅怎么可以用如此卑劣的手段报复？

2. 忠告内向型思考类型的人——用微笑和关怀去打动对方

这种类型的人在与朋友交往上问题比较多。这种类型的人比较容易讨厌别人。他们认为，与其花费心思与他人打交道，还不如一个人更快乐。但是，他们心里还是很寂寞的，如果想要人和你交往，就应该自己做出寻找朋友的姿态。如果你不善搭话，那就表示出你的亲切友好的意思也行啊！与其无缘无故地讨厌别人，不如拿出行动更适合你的性格。

如果你确实缺少朋友，那你得检查一下自己是否不太愿意和他人交往，是否老是等待别人先和你打招呼。因为你给的印象是一个冰冷的人，经常是板起脸孔面对别人。又有谁会主动去和一个冷若冰霜的人打招呼呢？别人一见到你已是望而却步了。所以你应该培养微笑，给自己多一点的人情味，主动地关怀别人。只要你常有笑容，以一颗善解人意的心去关怀对方，对方会觉得你是一个非常美丽的人而乐于和你交往。

战国时魏国名将吴起是一个非常有威望的将领，他带领的军队战斗力极强，这与吴起关怀自己的士兵是分不开的。有一次，两支军队激战，战斗正酣，吴起看见一个士兵受了伤，由于伤口有毒，伤口一片乌黑，而且已化脓了。吴起立即命人把那个受伤的士兵抬到一边。由于中毒很深，那个士兵已昏迷过去。军医无法及时赶到，再不阻止毒血侵入蔓延，士兵将有生命危险。吴起见状不顾一切，立即俯下身子用嘴去吮吸那个士兵的伤口。旁边照看的士兵全部感动不已。大口大口的毒血被吸了出来，士兵醒了过来，见吴起正俯在自己旁边给自己吸毒血，眼泪立刻流出来了。

3. 忠告外向型感情类型的人——藏而不露大智若愚

这种类型的人，很多人都善于交际，而且在交往中富于自信，无论什么类型的人都能巧妙地与之相处。值得注意的是，往往有人会以为你八面玲珑。比如朋友 A 说朋友 B 的坏话时，你会随口说出“是啊！B 是这样的人”之类的话，轻易地背叛了自己的朋友。

如果你缺少真正的朋友，那你要反思一下，你在交朋友时是否有自己的主见？你在和别人交往时，是否会轻易地把另一个朋友的隐私吐了出来？你是否为了迎合一个朋友的谈兴而把另一个朋友出卖了？

这种类型的人切忌随便乱开口，不要自作聪明，要三缄其口，因为祸从口出。

英国 19 世纪政治家查尔德斐尔爵士对他的儿子说：“要比别人聪明，但不要告诉人家你比他聪明。”

话太多了总会给别人以肤浅、华而不实的感觉。当富兰克林还是个毛毛躁躁的年轻人时，有一天，一位老朋友把他叫到一边，尖刻地训斥他说：“富兰克林，你简直不可救药，你到处说别人的不是，自以为比所有的人聪明，谁受得了你?！你的朋友已经讨厌你了。他们对我说，如果你不在场，他们就会自在得多。你对任何人都说其他人的不是，没人会相信你了！”这番话使富兰克林受到了很大震动，他决心改掉自己轻易开口的毛病。结果，富兰克林成功了。富兰克林成功地改掉了自己性格中自以为是的缺点，成功地改善了自己的性格，所以他成功地优化了自己的人生。

4. 忠告内向型感情类型的人——向对方主动表示你的关心

特别腼腆是这一类型人的特点。这种人认为不是自己喜欢的人，交朋友没有意义。这样，交朋友的机会就少了。如果幸运地发现了想和你交朋友的人，千万不要错过机会。不要老是等着对方和自己打招呼，应该自己表现出你的意思来。特别是当对方有困难时，你及时表示关怀会使你交朋友的过程更顺利。

记得有一位大师说过这样一段说：希望获得别人的喜爱其实不必特地阅读某一本书，只要向世界上最优于此道的高手学习就可以了。这位高手是谁——狗儿——每天我们都能在街头巷尾碰到这位高手，我们经过时，它就会对你摇头摆尾，当我们停下来时，摸摸它的头，它更是不顾一切地对你表示友善。它并不是有什么阴谋才做如此亲热的表示，它并不想把土地和房子卖给你，也不想要你向它求婚，它连一丝野心也没有。狗儿们未曾读过心理学，却凭着其不可思议的本能而获悉：与其千方百计地引人关心，不如对别人寄予纯粹的关心，如此才能获得更多的知己。记住：在希望别人喜爱自己之前，应该先努力去喜欢别人。

“为什么别人会讨厌我?”在抱怨之前，你实在应该反省：“我是不是讨厌别人?”凡是不关心别人的人，别人自然不会关心他。

一次，笔者一位朋友在车站候车时，突然一位陌生人上前搭讪：“我觉得，像你身上这种华丽的衣服，最近很不容易见到，我想布料应该是美国的吧！本人因为过去在某百货公司男装部服务，今天看到你这身好衣料，就过来和你聊聊，你不介意吧。”谁又会拒绝被关怀呢?

“小孟，你今天看起来有点儿疲倦，要注意休息呀！”主动多说两句这样的话，你就有了朋友。真的就这么简单。

5. 忠告外向型感觉类型的人——别戴上有色眼镜

你是一个很善于交际的人，大部分人都很乐意和你交往。你有可能会感觉朋友少了点，比如在你需要某一个领域的一个朋友时，你会发现你在那个领域并没有朋友。你可能会有几个知交，但朋友并不太多。原因就在于你对自己的感觉特别自信。

如果你觉得有一个人非常蹩脚，你肯定不会同他来往。

对你的忠告有两条：

一是不要从外表择友。仅从外表择友，你很难交上亲密的朋友。“以貌取人”是有害的，因为外表和心灵并非总是一致的；

二是“交发迹之人，莫若交之于未发迹时”。这是曾国藩的交友秘诀，比较适合你。

春秋时期晋国公子重耳，因受父亲宠妾的奸计所害，流亡他国。在流浪各国的时候，一次来到了曹国，曹公因听说重耳的肋骨异于常人，非常好奇。为了证实传言，他便找机会偷看重耳洗澡，刚好大臣负羁与叔瞻都在场。叔瞻心思较重，进言道："晋公子重耳并非平庸之辈，一旦他回到本土，记起我们今日对他的无礼，势必兴兵前来报复，不如我们现在就除掉这个祸根。"但曹公认为这是不可能的事，并未将叔瞻的话放在心上。负羁回到家中后，心事重重，脸色一直不太对劲。"朝中出了什么事，使得你脸色这么难看?"他的妻子担心地问。"唉，有福不及，祸来连我。今日公子来访，国君对他极不礼貌，不巧我也在场，以后可能难逃劫数。依我看晋公子不出几年就能回到国内，在他登基的那天，他肯定会对曾侮辱他的人进行报复，曹国当然是首当其冲了。""我认为你应先向公子表达友善的心意，或许将来能免此灾难。"其妻建议道。负羁觉得有理，便依计行事，在一只壶中塞满黄金、宝物和食物，派人将壶送到重耳的住处，以示友善。公子重耳非常感动，除了食物外，其余的黄金宝物都退了回去。

不久，重耳经楚入秦，在秦国待了 3 年。因晋献公与秦穆公是好友，所以秦穆公便助重耳登上帝位。重耳即位后，立即派兵攻打曹国，并派使节到曹公处，命其交出叔瞻。另外又派一使节通报负羁说："我方立即要攻入贵国，但当年你对我的心意，我至今未忘，为使你不受连累，希望你在你村子的入口处作一记号，则我方军队绝不踏入半步。"曹国百姓听到这个消息，纷纷携眷避难到负羁村中。

6. 忠告内向型感觉类型的人——敢字当头大胆表达

这种类型的人善于幻想，他们认为，与其交现实中的朋友，还不如交自己幻想中的朋友更开心。其实，幻想中的朋友可能不会讲出让你愉快的话，并且当你寂寞的时候，他也不会拍拍你的肩膀。不要怕羞，对那些不笑话你、专心听你讲的人，你应该主动地打招呼："让我们交朋友吧!"

这种类型的人应该做的就是：敢字当头，大胆表达出你的幻想。

某影星是我国目前影视圈中最擅长说英语的演员，但据悉他的外语程度并不很好。何以他能在外国人面前仍然说得头头是道呢？令人百思不解。

有一次，该影星对别人说："当我在外国人面前，不得不说英语时，我的方法便是先将双眼注视着对方，而后再大大方方地说，让对方认为我的勇气可嘉。我这么做的目的，主要是使对方了解：我们是不常说英语的民族，所以你在听我说英语时要特别费力，否则可能不知我在说什么。"

如果你缺乏勇气的话，那就学学该影星吧！

7. 忠告外向型直观类型的人——交友贵在持之以恒

你具有非常强的交际能力，可以和各种不同类型的人顺利交往。甚至，你在见到一个陌生人时，只要你想和他交朋友，你都能立即和他跟老朋友似的交往。但是，你也许奇怪：既然我的交际能力那么强，怎么我没有几个好朋友呀？"

原因就在于你一旦和对方交上朋友之后，你会立即变得心有所思，有时就不在乎对方在想什么，在干什么了。你的自行其是，会让对方认为你不够真诚，而你自己本身也确实不太珍惜和对方的友谊。

所以，如果你现在仍缺朋少友，你应该做到以下两点：第一，交友贵在持之以恒；第二，多关注对方，以表示你的诚意。

同时，应特别强调，这种人这个方面的缺点一般来说很顽固，轻易改正不了，这是因为这种人永远只强调"新鲜"的感觉，一旦没有了"新鲜"的感觉，他们就失去了兴趣。但是，兴趣并不能使你不需要朋友，你也需要朋友，解决方法有两个：一是去吃一次亏，以长一智；二是通过一些途径经常提醒自己，比如在书房上挂贴一些警示语之类的东西。

8. 忠告内向型直观类型的人——交一两个知心朋友就够了

在各种性格类型中，内向型直观类型的人是最缺乏朋友的，甚至可能是一个"独行侠"。因为他们不但不太擅长社交，不太容易取悦于他人，而且他们自己心里也认为有没有朋友都无所谓。他们很难认同别人的价值观，一旦他们认为对方在观点上和自己不一致时，他们就敬而远之对方。如果他们在社交上碰到过一些困难的话，那他们则更易把自己封闭起来。这种类型的人在生活上、工作都奉行“独身主义”，他们喜欢而且宁愿一个人工作和生活，殊不知自己活得多么辛苦！

这种类型的人很难轻易改变自己，所以不能指望他们会有很多朋友。如果你是这种类型的人，现实一点，就是先向和你有共同兴趣的人敞开心扉，如果可能，交上一两个知心朋友你就应该心满意足了。至于在社交技巧方面的努力，等你自己希望有一两个好朋友时再说。想要很多朋友，需一步一步来解决。

第五章

个性与爱情

人们由于气质的不同，相互之间的关系显得多姿多彩。

有些人由于气质契合，一见钟情；有些人由于气质相斥，吵架一辈子；有些人为了爱情而改造自己的气质，有些人为了气质而失去爱情……

气质与爱情，是一个值得仔细探讨的话题。

一、不同气质人的爱情

1. 多血质人如何赢得爱情

（1）多血质—多血质。

两个多血质的人，彼此之间，是很有共同语言的。他们有着同样的志趣，他们要成为好朋友，是很容易的。

当他们是异性的时候，彼此之间是不是也有亲和力和吸引力呢?

作为一个多血质的女性，当面对多血质的男性的时候，往往显得不能自持，浮躁。她们总是急于想在多血质的男性面前表现自己，所以，往往在言行、举止方面显得过于放松，像熟人似的，以至于多血质的男性总把她们当作好朋友，而难以产生那种朦胧神秘的爱情了。

在这样的情况下，想要争取多血质男性的爱情的多血质女性就要多多表露爱情。但不要过于随便，而应用暗示的手法。

多血质的男性由于性情爽朗、活泼大方、对生活和工作信心十足，以及勇于承认自己的价值等特点，使得多血质的女性认为他们可爱，但不够优雅；用心，但不够周到；有信心，但不够持久。因此，就不容易产生那种神秘朦胧的爱情了。

在这样的情况下，想要争取多血质女性的多血质男性就要耐心一点，要把自己的缺点掩盖住，进攻的时候要一张一弛，不要急急忙忙，否则就会弄巧成拙。

同时，要记住：多血质的男性在多血质的女性面前，可不要过分强调自己的主张，不要把自己的思想强加给对方，不要搞大男子主义。要少表现自己、多关心对方，要设法了解对方是怎么想的，不要给她以大大咧咧得不可救药的感觉。

当多血质的男性或女性与同一类型的多血质女性或男性终于结婚，成为夫妻的时候，如何关系和睦、共同生活，是一个虽然小，然而不可忽视的问题。

在决定结婚的时候，比起把女性看作承担家务劳动的主妇，多血质的男性更希望自己的妻子能够成为自己人生的伴侣，能够理解自己的理论和行动，能够是一个知己。

当晚上多血质的丈夫下班回家，他很希望自己能得到妻子的关爱，如果妻子在这个方面有所不足，他就会大叫大嚷。于是，他们就争吵起来。

但这样的争吵，一般不会伤害他们彼此的感情，他们反而是在这种吵吵嚷嚷中，发展起亲密的感情来的。

多血质的丈夫因为和妻子有平等的感觉，所以才会扯大嗓门和她大吵。

多血质的丈夫，希望妻子在外面有工作，使自己的精力有所发挥，这样，他们在精神上和物质上就都是平等的。

多血质的男性和多血质的女性结婚，即使感情已经非常深厚，也不会形影不离。他们都有独立的姿态，在出现对立时，他们谁也不服谁，两个人都想把对方压倒。

在矛盾不可调和的时候，需要一方先行妥协，否则后果会比较严重。

在子女的教育方面，多血质的夫妻双方，都必须注意自己的孩子的个性和独立能力是应该加以考虑的。要让他们健康成长，就必须照顾到这一点。

（2）多血质—抑郁质。

多血质的女性，在她们接触到她们有好感的男性时，虽然不会在别人面前失态，但也总是有意无意地要表露出做作的姿态，故意表现女性特有的神态，表现妩媚呀、温柔呀什么的。在不该妩媚、不该温柔的时候，刻意这样做，会让人觉得不自然，浑身起鸡皮疙瘩，更糟糕的是，有可能给对方留下不良的印象。

需知，抑郁质的男性，在感情上比较敏感，只要别人对他们稍有体谅、稍稍为他着想，他们就会感激不尽，所以，在他们眼中，行动型的、稍有雅气而性情爽朗的女性是富有魅力的。

既然这样，那么，作为多血质的女性，就要迎其所好，表现出热情、好客、大方的特点，积极地去接近他，并表现出对他的浓厚兴趣。

但是主动的接近，并不是过分的讨好，对腼腆的多血质男性过分热情，他们会受不了。要适可而止。

另外须知，抑郁质的男性，往往并不重视物质上的赠品，所以多血质的女性应该在精神上给他们更多的帮助，而不是物质上。

对于多血质的男性来说，当他爱上一个抑郁质的女性时，那么，最好，你不要把她当作异性，而是把她当作一个可以平等交往的好朋友来看待。

在交往中，多血质的男性一定要记住：不要对抑郁质的女性朋友挑剔这挑剔那，更不强调她是个女人，女人应该如何如何，等等。这样做，会让抑郁质女性反感。

如果多血质的男性能平平常常地以一颗平等之心来看待抑郁质的女性，那么，他们的关系就会有所进展。

当多血质的男性对抑郁质的女性像和自己的男性朋友一样来往，而同时又给予她一个女性所需要的关照，那么，这个抑郁质的女性就会向他敞开心扉。而这时如果这个多血质的男人一味要表明自己的主张，对抑郁质的女性有所强制，那么，她会很失望。

要记住：抑郁质的女性一向反感以自己的意志强加给别人的人。

对于多血质的男性来说，要加深和抑郁质女性的关系，就要注重在精神上和她来往，而不是物质上。你送她一条项链，还不如为她吟一首诗。

由于抑郁质的女性往往不直接说出自己的心情，多血质的男性就要注意细心观察，不要在细节方面让她们不快。有时候，她们嘴上说很好，心里却极不满意，所以，多血质的男性就要多多考虑她们的实际需要。

当多血质的丈夫娶了个抑郁质的妻子，这个妻子总是自己不抛头露面，而让丈夫抛头露面，而实际上，却处处显示出对丈夫的关心。她们总想使丈夫振奋起来，有所作为。

这样的夫妻，从表面上看，是典型的丈夫主持一切，可实际上妻子却牢牢地掌握着精神上的主导权。只要不和丈夫发生激烈冲突，总还是妻子做主。

而妻子能够当家做主，并不是她有什么力量，相反，靠的恰恰是她的温柔体贴和关爱。

而当丈夫是抑郁质人的时候，情形就会倒过来。尽管看起来是妻子在做主，实际上，却是丈夫主持一切。做妻子的总是很依赖丈夫，看上去她像是在按照自己的判断行动，但结果总要照丈夫的意图去做。

做妻子的即使外面有工作，也能在丈夫的合作下把家庭和工作关系处理得很好，有口皆碑。

这样的夫妻，是不会轻易离婚的，因为，他们都是拘泥于社会常规的人。当他们有矛盾时，总是想方设法把它化解掉。

在子女的教育方面，由于多血质人长于教诲而又胸怀坦荡，再加上抑郁质人的细致耐心，子女的成长，就一定要有一个良好的家庭环境。

（3）多血质—胆汁质。

对多血质的女性来说，不追求金钱的男性更有吸引力、更有魅力。因为她们喜欢天马行空地幻想，对浪漫爱情怀有遐想。

当不抱现实理想的胆汁质男性出现在她们面前时，她们会觉得他怪怪的，但怪得可爱。而当他们的理想趋向一致时，他们就能互相帮助，建立起很好的关系。

而面对这样的男性，多血质的女性，就要在精神上分担他的忧和喜，要耐心听取他的意见和建议。当然这样做并非是叫多血质女性丧失个性。在为对方服务的时候，也要保持自己的个性。

当这两方消除了情绪上的距离感以后，多血质的女性就会引起胆汁质的男性的注意和重视，这时多血质的男性就要在各方面表现积极一些，作出努力，即使两人多少有分歧，也会很快统一起来，使双方的良好关系发展起来。

特别要注意的是：作为多血质的女性，面对胆汁质的男性的时候，要记住不要在感情上伤害对方。

作为多血质的男性，当你对一个胆汁质的女性发生好感的时候，可不要犹犹豫豫，考虑这考虑那的，该出手时就出手，而且要有信心。即使胆汁质的女性表现得非常犹豫、非常羞怯，也要不顾一切地追求，才会有效果。

当然，这种不顾一切，是指精神上的，不是行动上的。要知道，胆汁质的女性，是很注重感情的，所以，这种进攻只能是感情上的进攻。

即使是在两人相好以后，也要注意，在感情上、在精神上，对胆汁质的女性要支持、关怀、爱护。只有当两个人在感情上合二为一、在精神上互相支持，他们才会在人生之路上携手同行。

为了和胆汁质女性保持精神上、情感上的关系，要注意时时关注她、爱护她。要经常地为她服务，要有奉献精神。如果她是处于被迫忍耐的境地，那么，双方的亲密关系是难以持久的，所以，一定要站在维护胆汁质女性的立场上来保护她。

胆汁质女性面对多血质的丈夫，总是在生活上围着丈夫转，她喜欢她的丈夫替她做主。

由于两个人都有活动能力，对人生的态度都较为积极，所以，他们是一对有开拓精神的夫妻。

当妻子在外面没有工作的时候，她就凭自己的机敏灵活，把家务活干得十分出色，使做丈夫的很满意。

当丈夫是胆汁质人而妻子是多血质人时，在带有一点男子气质的、办事讲究逻辑的妻子面前，丈夫的糊里糊涂的劲头好像被完全压制住了。由于妻子对于不合理的事是不会同意的，所以丈夫处事就不能敷衍搪塞或过于乐观。

在这种夫妻关系中，只要丈夫生来的爽朗性情不受到约束，那么他们的关系就会保持悠然平和的状态。然而如果妻子使丈夫的性情过于受到压抑，那丈夫就会变得畏畏缩缩、唯唯诺诺，所以，最好两个人都在外面有工作。

这对夫妻中，由于妻子一有不高兴的地方，就非要分出个青红皂白，所以离婚与否往往取决于妻子是不是变了心。

在子女教育方面，与其手把手地指导子女，不如在意志上和具体方针上给以精神传授。如果这样坚持下去，效果一定会很好。

（4）多血质—黏液质。

多血质女性在黏液质男性面前获得的第一印象，往往会很不错。但黏液质的男性怕强加于多血质的女性。所以，积极而主动的多血质女性，在他们面前要有所约束。比如，不要急着表示对他的关心、不要动不动就写信、打电话、送花、约会，太频繁，这样做会让他害怕的。

对黏液质的男性来说，他们更喜欢那些不以物质和外表来取悦他，而是以精神来取悦他的女性。因此，多血质的女性就要以自己的善良之心、以自己的体贴温柔来感化他，使他成为自己的俘虏。

在感情上如果强迫对方，效果往往适得其反，所以，对待黏液质的男性，最好是顺从、服从他。如果他不要你而你要他，那也要采取策略性措施，而不是正面进攻，否则，这样是要失败的。

在两人的关系亲近一些以后，黏液质的男性往往在不注意的情况下暴露出自己的一些缺点。这个时候，多血质的女性，不要当面提出批评，而是要做出不介意的样子，但在不介意中让男性自己得知。当男性得知以后，他会对不介意的女性心怀感激。结果，两人的关系就更融洽了。

当多血质的男性出现在黏液质的女性面前的时候，往往会失去个性。所以，这个时候，多血质的男性就要提醒自己：没有一个女性是会喜欢没有个性的男性的。

因此，多血质男性要有自信，要以随时准备以保护女方的姿态和她接触。这样，就会给两人的关系带来一个良好的前景。

但要记住，不管怎么坚强的女性，她总有柔弱的一面，这个时候，你就要表现得坚强一些，要表现得好像是一堵墙，可以让她累了靠一靠。

在她面前，千万不可粗野，要温柔。粗野是要被她看不起的。

另外，要表现得胸襟开阔，特别是对待黏液质女性的时候，一定要胸襟开阔，要有容纳一切的涵养，特别要能够容纳她的一切。

当妻子是黏液质人而丈夫是多血质人的时候，他们之间的爱情与婚姻，显得又浪漫又辛苦。

说浪漫，是指他们的恋爱阶段。这对恋人总是对对方有美好的想象，结果，这种想象又会移情到现实中来，于是，他们就都会对对方产生误解，这种误解，当然是美好的误解。

而当他们终于结婚以后，他们的婚姻生活就会很辛苦。这是因为，以前是因为美好的误解而走到了一起的，现在，这种误会自然是消失了。当这种误会消失之后，为了维持婚姻，他们就互相去煞费苦心地理解对方，于是就显得很辛苦。

比如，在家务活方面，做丈夫的要戒备妻子突然“罢工”，砸锅扔碗。而妻子呢，也要防备丈夫突然做出不轨之事。因为夫妻双方都是很自信的人，不善于向对方做出让步，所以无论是什么事情往往都会各走各的路。如果双方都坚持认为只有自己是正确的，就会导致不好的结局。

所以说，这样的家庭，其实是妻子做主的家庭。

当妻子是多血质人而丈夫是黏液质人的时候，对这对夫妻，就往往不能用社会一般常规来推断。

他们之间有很多不同的地方，看上去似乎很不相称。做妻子的，总是要为提醒丈夫注意自己的不足之处而操心费力。而当丈夫缺乏体贴和照顾的时候，做妻子的很可能极不高兴地把丈夫拒之门外。

在子女的教育方面，最好是多血质的丈夫或妻子从大局上决定方针，黏液质的妻子或丈夫从细微处来考虑，使子女能够通过自由的思考来发展自己的个性。

2. 抑郁质人如何赢得爱情

（1）抑郁质—抑郁质。

当男女双方都是抑郁质人的时候，他们只需稍微说说话，就能感觉到彼此之间是否满意。往往，还没有开始正式约会，就已经芳心暗许。

但是，麻烦之处在于，虽然彼此心仪，但可能无人先开口表白爱情。因为他们习惯沉默。

如果真是这样，该怎么办？因为，如果无人先表白，两个人就会失去机会，甚至连一般的朋友都做不成。

所以，需要有个人去抓住最初的机会。在这个方面，如果是女性主动迈出第一步，效果就会很不错。

在两个抑郁质人之间，女性的主动比男性的主动要有效得多。

所以，女性一定要鼓起勇气，抢先行动。不要害羞，不要胆怯，不要害怕，特别是不能犹豫，因为过了这村就没这店了。

要知道，无论你说得多么少、表达得多么词不达意，只要你有这个意思，只要说了一点点，男的就会感悟到，因为他也很敏锐，在这个方面。

所以，在两个抑郁质的男女之间，关系的突破，一般取决于女性。

没有勇气的男人，会让抑郁质的女性轻视。所以，要获得抑郁质女性的青睐，抑郁质的男性，要表现得勇敢些。

要作决定，要坚强，不要悲观和苦闷。

优柔寡断的男性，总是会被女人看不起的。不作努力、不行动、听天由命，是很滑稽可笑的。

假如遇到了自己所爱的人，要不顾一切地把自己的心情直率地告诉她。如果她拒绝了你，你也不要一个人灰心丧气，而是要找个抑郁质的女性去再次倾诉。要持之以恒，抑郁质的女性就怕这个。坚持几次之后，她就会向你屈服，而投入你的怀抱了。

当然，千万不能强加她什么，不要强迫她，要说服她，要以爱心感化她。要爱她，就要呵护她。

要慢慢来，不要性急，要在平静的过程中，慢慢追求。抑郁质的女性，就喜欢你慢慢地追求她，感觉一种被爱的甜蜜。

当抑郁质的女性和抑郁质的男性终于成为夫妻，他们是彼此相像的一对。他们有希望保持一致，并且一直和睦。

这对夫妻，表面上是丈夫为尊，实权却由妻子掌握。坚强有力的妻子主导着老实的丈夫。

抑郁质的夫妻，不太会离婚，因为双方的感情都很敏感，所以一般不会做让对方无地自容的事情。

但比较讨厌的是，他们谁都总是忍耐，总是要把说的话憋在肚子里。忍耐日积月累，直到最后才爆发，这就是抑郁质人。为此应该在平时多说说心里话，平时遇到的一些问题都可以协商解决。妻子在工作，也不能有压迫丈夫的行为；同样，丈夫也不强硬反对妻子外出谋职。在教育子女方面，两人都很热心，而操劳之中不免多有禁止和干涉，但只要都是围绕着孩子的进步而行动的，就不会有问题。

（2）抑郁质—多血质。

对于抑郁质的女性来说，多血质的男性好像很容易忽视她的心理活动，我行我素。对这一点，使抑郁质的女性较为头痛。因为，她得多下功夫才能拴住他们。但是，这种人也让抑郁质的女性感到，他们是可以交往下去的人，因为他们热情爽朗。

而真要交往下去，则需要女性尊重他们，最好是乖乖地听他们的话，凡事不要自作主张。

对抑郁质女性来说，女性化的言行举止是吸引多血质男性的良药。当然，在表现得女里女气的时候，也要诚实、尽心。

而在两者的友谊萌发之后，是否发展到爱情，更要看女性了。

抑郁质女性对多血质男性，一定要乖乖的，即使男性有错时，也不可贸然批评，而是要委婉指出。当男性需要抚慰时，要和他谈心，听取他的心声，这样，对方就会感到喜悦，两人的关系就会稳固。

总之，在多血质的男性面前，抑郁质的女性，要做一个善解人意的人。

抑郁质的男人，是沉静、腼腆的。所以，他往往被多血质女性所轻视。

要取得多血质女性的青睐，就要大胆一些，该说时就说，该做时就做。

在鼓起勇气的同时，也不要忘记真诚。

不要欺骗一个多血质的女性，否则，后果不堪设想，你会立刻失去她。

不要对自己的缺点遮遮掩掩，不要说假话。

同时，要记住，不要讲令人反胃的讨好话、恭维话。不要遇事就非得夸她一下，就算有必要，也应该用间接的方式。

当抑郁质人和多血质人终于成为夫妻以后，这对夫妻总有很多问题需要解决。

多血质人做妻子时，通常人们都会认为这是典型的女性居上的夫妻关系，事实却不是这样。事实上，妻子是完全依赖丈夫的。虽然看起来她好像在独立行动，其实都是依照丈夫的意图在办事。

如果妻子在外工作，能得到丈夫的协助，那么双方在家中的关系就会是令人愉快的。

这两种类型的人，都拘守社会常规，所以若不是关系实在恶劣就不会离婚。他们会设法度过难关，全力以赴地解决问题。

抑郁质人做妻子时，她一心扑在家务上，自觉自愿地为丈夫服务。而且，为自己能使丈夫在外尽可能地发挥作用感到幸福。不到万不得已，妻子是不想外出劳动的。但是，妻子过于依赖丈夫，丈夫会因工作负担太重而感到窒息紧张，不愿靠近家庭。这可能成为离婚的导火索，所以要注意适可而止。

关于子女的教育问题，多血质人有胸襟开阔、教导有方的优点，抑郁质人的细心也很有利，因而可以预见他们将构成理想的家庭环境，不必为此有什么担心。

（3）抑郁质—胆汁质。

和胆汁质的男性交往几次之后，抑郁质的女性就会感觉到他的魅力，而被他吸引了。他在她的心目中，很快会上升得像个理想中的白马王子。

当这样的时候，抑郁质的女性，一定要默默地追求下去，不要多嘴多舌，不要装模作样，要按自己的本来面目做人，不要戴面具，更不要演戏。

如果这样做到了，那么，胆汁质的男性也会慢慢地被你吸引。他会被你的精神世界所迷醉。

一旦两人相好，他们的精神世界将是一片永恒的风景。

要对男性时时地表示好意，表示自己是爱他的。

一定要多多表示。

男性有缺点时，要以幽默的态度指出来。要以对方的优点为自己的优点，并为此自豪。

胆汁质的女性，既行动果断，又比较温和细腻，总是胆怯地试探着与他人交谈，站在对方的角度看问题。

每次约会，胆汁质的女性总会有新鲜的魅力展示给你看。这时，抑郁质的男人就会被弄得神魂颠倒，魂不守舍。

但是，不要以为这样就有希望了，不，还很渺茫，没那么容易。

之所以希望渺茫，是因为抑郁质的男性太胆怯，不敢勇往直前。需知，胆汁质的女性是在期待着你哩！一切都怪你自己。

对这问题，抑郁质的男性，要好好地反思才对。

当一个抑郁质的男性和一个胆汁质的女性终于成为夫妻时，作为妻子的胆汁质人，能给抑郁质的丈夫以强烈影响，性格也会有所变化；而妻子则并不会为丈夫改变多少。

这种夫妻，如果妻子比较自立，离婚问题就会成为一个敏感的话题。因为，这个时候，他们一闹别扭，就会口口声声要离婚。

当丈夫是胆汁质的男性，他们的夫妻关系是，丈夫过得自由自在，婚后的今天和婚前的昨天一样行为散漫。当妻子指责他的时候，丈夫会巧妙地摆脱困境。而妻子尽管怎么想都觉得丈夫不好，却依然下意识地肩负着妻子的职责。

妻子有吃不完的苦，却又被那样的丈夫所吸引。她很难提出离婚，厌烦时也不能下定决心坚决出走。

如果妻子说要外出活动，丈夫虽然会答应，但一旦有麻烦，他的热情就会冷落下来。

在教育孩子方面，两个人都很热心。他们的孩子，有可能在他们过分的关照下失去自立自强的能力。

（4）抑郁质—黏液质。

对于寄予好感的黏液质男性，抑郁质女性会下意识地考虑要不要服从他。由于这么一个想法在，她就可能会犯如下错误：

装腔作势的遮掩缺点，追求虚荣，故作高傲，故作卑屈，假装冷淡，等等。

这些做法不好。做得久了，会让黏液质的男性感到讨厌。

一般来说，黏液质的男性喜欢态度漫不经心、情绪舒畅、悠闲自在的女性，抑郁质的女性，在他们面前，则总是小心谨慎，刻意讨好，做得不自然。

当然，要说得委婉，不要像个马大哈似的，说爱就爱，这样会把人吓跑的。也可能让黏液质男性觉得你说的，好像是开玩笑。

黏液质的女性并不喜欢别人唱反调，对抑郁质的男性尤其如此。他们是那种能够明确提出自己的主张，有自己的意见和想法的那类人。

所以，抑郁质的男性，不要一味自以为是，一心想让女方服从自己的意志，做未来由丈夫当家的美梦，结果是会闹出误会的。

一般来说，按照第一印象，抑郁质男性会认为黏液质女性个性强，对男性不够体贴温柔。

抑郁质男性在放弃大丈夫当家的愿望以后，要竭尽全力地对待黏液质女性，要有诚意。如果抑郁质男性有足够魅力的话，她就会全身心地依赖你，经常需要你，结果便会在事实上形成抑郁质男性主持一切的局面，尽管双方还是朋友关系。

一旦抑郁质男性害怕自己的追求遭到拒绝，不敢把想法告诉他所喜爱的女性，苦恼很多。但对方若是黏液质的女性，那就要多费心计，托出心里话。

当抑郁质人和黏液质人终于结为夫妻时，如果妻子是黏液质人，她一结婚就会完全改变独身时代固执己见的态度，表现出沉稳的贤妻形象。因为她在丈夫稳定而温暖的爱情中安居之后，对他怀有如同对待父亲和兄长般的感情。她一面靠着丈夫，一面又很关心自己，因而不大干涉丈夫的所作所为。

黏液质的妻子，可以分为两大类，一类是外出工作的，一类是操心家务的。而中间状态的很少。也就是说，她们容易走极端。

这两种人，如果面临离婚危机，丈夫的保守观念和妻子的进取精神就要发生冲突。要是丈夫不尊重妻子的想法，就会使裂痕扩大下去。

黏液质人做丈夫时，就连年龄差别很大的夫妻，也会在不知不觉中形成妻子兼作姐姐的气氛。

丈夫期待妻子百般地关怀自己，一回到家中，甚至妻子对一点小事多嘴，没有完全按照自己的吩咐去做，也会弄得心情不好。虽然妻子感到对此无可奈何，但还是不得不当照料丈夫的老婆。她必须醒悟这是像孩子一样需要亲自照料的丈夫，家务活要竭尽全力地干，丈夫是绝不会来共同分担的。如果丈夫无理地找麻烦，就可能发生离婚危机。

在教育子女方面，抑郁质人留意于培养细心的习惯；黏液质人则以自由联想的方式发展孩子的个性，理想的状况就是两者尽量协调好。

3. 胆汁质人如何赢得爱情

（1）胆汁质—胆汁质。

对于胆汁质的女性来说，遇到胆汁质的男性，要积极主动，要有恒心进行交往。当两人互相有了好感，就会自然而然产生感情的交流，可是交流之后不努力，也还是得不到发展。

这个时候，胆汁质的女性，不要带着女性的成见，即认为这种事总是应该男性主动这样的想法，否则的话，会后悔的。即使是被拒绝的时候，也不要自羞、胆怯、不知所措，要相信，只要有诚意、有恒心，一定会成功。

要清楚的是，能够吸引胆汁质男性的，不是顺从的女性，而是略微带点叛逆的女性。特别是，他们喜欢有独立思考的、理智的女性。

所以，当发现自己爱上了胆汁质的男性，就要主动进攻，毫不犹豫。

要有自信心，这也是重要的一条。

胆汁质男性不拘小节，举止行动随便，胆汁质女性对此很有好感。但刚刚亲近一点，就毫无顾忌，一点也不考虑对方怎么想，这点是让人忧虑的。你得想到，对方是女性，清高又比较挑剔，所以稍一马虎，就会破坏难得的好气氛。

同样，不讲分寸，不谙常情，关系也不能正常地进行下去。必须注意女性特点，千万不要鲁莽。在平时和女性交往的时候，要注意交往方式，不能八面玲珑，处处讨好女性。要一紧一松，张弛有度。

胆汁质女性喜欢充满自信、刚毅的男性，也常常被具有绅士风度，冷静、理智的男性所吸引。男性由此出发接触女性，就会加深两人的关系。

胆汁质男性变化多且快，容易被人误解，要努力压制自己的多变，不要太随心所欲，这样对谁都不好。

同是胆汁质人的夫妻，是比较恩爱深情的。

能够如此，是因为他们有着共同的欣赏趣味。

在夫妻生活中，胆汁质的丈夫，如果能为妻子着想，处处理解她的内心，生活就会很和谐。而实际上，同是胆汁质的夫妻，彼此之间是很容易沟通的，没有什么不可以理解的。

这样的夫妻，长期生活下去，妻子会成为生活的核心，在各种场合能处理各种事情。当然，妻子也懂得尊重丈夫，凡事有分寸，什么都商量着来。

关于离婚，对他们来说，可能性不大。

关于子女的教育问题，丈夫应尽量不参与，明智的做法是给妻子当助手。两个人，对孩子都要有耐心，不要急于求成。

（2）胆汁质—多血质。

多血质男性常把胆汁质女性作为快乐谈话的朋友，有时间的话，喜欢一起喝茶聊天。不过，他们容易忽视胆汁质女性对自己的恋慕之情。

胆汁质女性平时总是比较自由自在地行动，可是到了思考周密的多血质男性面前，就像变了一个人，言谈拘谨，净出毛病，因此不太容易给多血质的男性留下比较好的印象。

在这样的时候，胆汁质的女性，最好静下心来想想自己的长处和优点，并且用自己的特点和长处，自然地与男性相处，这样才会打开局面。

有一点是胆汁质女性应该知道的，这就是，多血质男性比较容易被慎重、深沉、拘谨的女性所吸引。

多血质女性给人的感觉是短时间的接触不能成为朋友，只有长期交往才能建立良好的关系。这是因为多血质的女性和男性共同点多，感受上也有男性倾向。

胆汁质的男性，容易被多血质的女性所吸引。

多血质的女性，看不起没有能力的男性，不愿与这样的人交朋友。如果胆汁质男性与之有某种专门知识或有共同的兴趣，便可以打开突破口，从好朋友发展到恋人关系。

胆汁质男性一定不能在多血质的女性面前夸耀自己。对多血质的女性，一定要谨慎，一定要谦虚。

当胆汁质女性与多血质男性结为夫妻时，一般的情况是，在生活中妻子是依附丈夫的，也就是说，在这个家庭中当家的是丈夫。

这对夫妻的气质都属于有活力型的，因而夫妻俩对生活的态度都比较积极进取，小日子会过得红红火火。

如果妻子是个家庭妇女，那她也会凭借自身的勤劳和能干把家务活儿干得很出色，使得丈夫孩子过得舒舒服服，毫无怨言。

当丈夫是胆汁质人，而妻子是多血质人时，主次就会有所转变。

家庭中基本上是妻子当家，掌有经济大权，很有威信。

而丈夫则显得有些糊里糊涂，缺乏一定的主见。但在办事讲求实效、颇具男子气概的妻子面前，丈夫的活力也会被充分激发出来，至少也能够把妻子交代下来的任务完成得干净利落，一丝不苟。

如果这位丈夫的乐观开朗而又有点儿冒失的性格不受到过分的约束，那么这个家庭是非常美满的。

如果妻子对丈夫过于严厉，则有可能导致丈夫病态地“惧内”。

这对夫妻中，因为是以妻为主角的，所以妻子的品行以及对这个家庭的责任心决定了婚姻是否美满，家庭生活是否幸福。

在教育子女方面，应该重情感教育，不可操之过急，注意培养子女的精神品质和感情质量，这样收效更好。

（3）胆汁质—抑郁质。

抑郁质男性常会被不拘小节、大方、开朗的胆汁质女性所吸引。不过，胆汁质女性往往想干什么就干什么，想说什么就说什么，这样，胆小、怕伤害别人的抑郁质男性，就会与之保持一定的距离。如果承认对对方有好感，想与他深入地交流感情，就要像姐姐一样的温柔，成为他的精神支柱。

感情细致的抑郁质男性，在表达感情的时候，由于担心不能控制，因此往往不愿袒露内心世界，而是凭理性说话、行动。在这种情况下，两人的关系容易紧张。

胆汁质的女性，应该相信抑郁质男性说的话，尊重他的主张，这样，会使他产生一种信赖感，认为你是一位出色的女性，并以和这样的女性接触而感到自豪。

最好不要过于干涉，要默默地维护他，这样也会有很大的影响力。对于过于羞怯、畏首畏尾的男性，也许会感到琐碎、啰唆，但你得有耐心。

在抑郁质女性看来，胆汁质的男性具有活泼、热情、爽快、果断等特点，富有魅力。胆汁质男性应充分表现自己的这些特点，积极地进行交往，不要性急，要考虑到女性的慎重、胆小。

要像对待妹妹一样地对待她，要温柔、体贴，这样才会得到抑郁质女性的青睐，赢得她的爱情。

建立感情以后，更要温柔、体贴，要是在这个时候出现一再辜负女性信赖的行为，两人之间的感情就会熄灭。

这是因为，胆汁质的男性，要是在细节上有毛病，会引起抑郁质女性的反感，她会讨厌他。

要记住，你要是动不动向她吹牛，在她面前不遵守时间，那就更糟糕了。

当抑郁质的男性和胆汁质的女性结合为夫妻时，抑郁质的丈夫将会受到来自胆汁质的妻子这一方面的强烈影响，无论是在性格上还是在日常生活中。

而妻子受丈夫的影响则微乎其微。

这个家庭显然是以妻子为主心骨的。

这对夫妻，如果妻子比较特立独行，个性好强，那么，口头离婚就是常有的事。只要一闹别扭，妻子往往就会提出离婚。

当然，仅仅是口头离婚而已，妻子想要的无非是对这个家庭的影响力。

如果丈夫是胆汁质人，妻子是抑郁质人，那么角色就会和上面所说的颠倒一下了。

妻子无论如何是影响不了丈夫的，更不用说去改变他。

区别在于，这位丈夫也无意去改变妻子，他仍会像婚前的单身汉一样自由自在，毫无拘束，并总能在妻子面前为自己的这种行为找到合适的理由。

而妻子是在没日没夜地操持这个家，属于比较典型的贤妻良母型，很能吃苦耐劳，而且毫无怨言，更不用说打主意离婚了。

对妻子的愿望，丈夫并不太热心去帮助实现。在教育子女方面，夫妻俩都很热心。但这样的家庭很容易导致对孩子宠爱过度，以致使孩子养成恶习。

(4) 胆汁质—黏液质。

黏液质男性颇具人格魅力，会吸引胆汁质的女性。

但由于这种男性比较内向，你就得主动些。如果明确知道他对己有好感，就更要勇敢地向他表示，勇敢地和他亲热。

内向的黏液质男性，有时也会打开话闸子，这是很不容易的。这个时候，你就要细细心心地聆听他，不管他说什么都听着。

这样，就显示了你的温柔和体贴。这样，他就会觉得你对他很关爱，于是，反过来，他会来主动地接近你。

当开始约会以后，你就一定要充分发挥作为胆汁质的女性的特点。怕别人讨厌而什么也不敢说，这样不好。自然地做事、平等地交谈、坦率地接触，关系就会不断地加深。

肯定对方的长处，自己也学习对方，这样就会万事顺利。初次见面，胆汁质的男性就会被黏液质的女性所吸引。因为对他们来说，这类女性有一种异乎寻常的魅力。

胆汁质的男性，接触黏液质的女性，与其说是接触异性，不如说是有一种投入母亲怀抱的感觉。这个时候，他有一种安全感。

但是，胆汁质的男性要记住，如果你是带着一种依赖的心情去和黏液质的女性接触，那么，你会遭到她们的拒绝。

在交往中，恰当的做法是不过分依从，尽可能坦率地表现自己的个性。如果想敷衍，想装模作样，就会马上被识破，效果会很差。作为男性，一定要自重。

约会的时候，女性是很看重场所的，所以，一定要挑一个好的地方，要温柔地照顾她。一定要对她好，给她好的气氛。

妻子是黏液质人时，总是希望夫妻双方成为好朋友，平等地相处。

只要两个人互不束缚，在精神上自由地结合，就能圆满地生活在一起。

遇到什么事情，两人商量着来，不要一方独自做主，做了不与对方商量的事情。这样，会伤感情的。

由于遇到什么事情时总是妻子更冷静，所以，有什么事情发生时，让妻子去处理，处理不好，再一起来，这样比较好。

当丈夫是黏液质人时，做妻子的给以爱抚、尊重和理解。能够这样做的女性，一般都会赢得幸福。要是在外面工作也保持这种情绪的话，丈夫就会在各方面来协助你。

特别要记住一点：作为妻子，你千万可别唠叨。

在子女的教育方面，夫妻一致协力是必要的，两人之间教育方法有差异，有矛盾时，孩子就会无所适从，不要忘记协同教育。

4. 黏液质人如何赢得爱情

（1）黏液质—黏液质。

黏液质的女性和黏液质的男性相遇时，作为女性一定要注意，切忌装腔作势，不要那些毫无价值的虚荣，直爽地说出自己心里话。

如果你不肯说出心里话，不把自己交给对方，不信任他，那么，你就会失去他的信任，继而失去他。

在黏液质的男性面前，一定不要哗众取宠，不要造作，要朴实无华。

因为黏液质的男性喜欢冷静、沉着的女性，所以，一定要凡事稳重，不要动辄犯错误，发脾气。

比起黏液质的男性，黏液质的女性在双方关系发展的时间上，比较有持久力。男性反倒希望女性在热情方面能收敛一些，因为，他们常常想一个人待一会儿，他们喜欢孤独。

黏液质的女性要记住，虽然双方始终想在一起的心情很可贵，但偶尔的分离，是建立深沉感情的一个最好的时机，它能使双方期待着下次的相见。所以，习惯于短时间的分离，并不是一件坏事。如果相爱了，就看不到对方的缺点了，而总是看着长处。因此，最重要的是，当对对方有所要求时，一定要慎重。

对于黏液质的男性来说，如果你感到你所遇到的那位黏液质的女性真是一位出色的女性，就不要犹豫，只管去追求。

但开始时，最好不要公开感情，最好还是若无其事地表示好感，待到水到渠成之后，再表白真心，就会自然发展出爱情。

相同气质的黏液质男女，表面上都会轻松地往来，可在心里，他们都会为一些小事而愁眉不展，特别是在同异性接触并有兴趣时更是如此。

当互为黏液质的人终于结婚时，两人之间的关系，会有一个持久的对立时期。

黏液质的人十分敏感，但表面上又都十分安静。因此，无论什么事他们一方面表现出无动于衷的样子，另一方面却在进行精确合理的计算。

正因为如此，这对夫妻在开始的时候，总是需要一段时间来互相适应、互相了解。

做丈夫的容易对妻子有依赖感，而妻子往往也是如此，这样就比较麻烦，需要好好地协调才对。两人往往都不肯表达爱情，因此，常常弄得相互误会，动不动就矛盾连连。如果两人这样下去，就会越来越远的。

如果丈夫不对妻子关怀，妻子不对丈夫温柔，那么，他们的关系会很危险。

在子女的教育方面，要求不要过高，不要有过分的期望。要沉默注视，对孩子们的关心要留有余地，适当放任也是必要的。

(2) 黏液质—多血质。

作为一个黏液质的女性，你要让多血质的男性感到你是一个聪明、亲切、温柔、心地纯真、富有魅力的女性。

对倾心于你的多血质男性，要审慎。如果你以无所谓的态度来对待对方的感情，如果总是不出于真心，不站在对方的立场上考虑而行动，很有可能会失去一位难得的好朋友。

你若对对方的要求过高，或按自己的想法我行我素，会使对方摸不清头脑。

要以谦让的态度进行交往，什么事都随对方，就能顺利地相处，对方也就能为你效劳，与你更加心连心。

一定要关心对方，这是非常重要的。在你们两人的关系中，主动性的一方，其实是你，所以，你们的关系是否能久长，取决于黏液质的女性。

在公共场合，如果需要共同完成某件事情，多血质女性不愿意接受来自男性方面的积极援助，在这种情况下，黏液质的男性，要去帮助，要说服她，无论如何要帮助她，不要因为她不需要就算了。对于多血质女性表面上的不接受，可不要信以为真。对于多血质女性，你要避免的，恰恰是冷淡疏远。

在其他时间、其他场合也是一样，要热心、温柔地与她交往。

要特别避免的是忽冷忽热的态度，这样会给多血质女性的心里留下不快的阴影，使她对你不放心。

对黏液质男性来说，多血质女性是难得的女伴，这一点在没失去时是不会清楚地感受到的。所以，黏液质男性应该伸出手，什么都别说地接受黏液质女性的爱情。

黏液质男性的态度稳定以后，多血质女性就会怀着温存的心情，承担起对对方的关怀和照顾。

在这种情况下，男方要是坦然接受，并且回报以同样的温存和照顾，那么，他们会十分恩爱。

当黏液质的女性与多血质的男性结为夫妻后，他们之间的爱情可以说最富有戏剧性，甜酸苦辣都有，既坎坷辛苦又罗曼蒂克。

他们在恋爱期间都是满脑子美妙幻想的人，渴望激情，追求浪漫，并将这一切不太切实际的想象移情到现实中来。

彼此对对方都缺乏足够的理性的了解，完全凭借想象勾勒着对方的一切。

如此一来，婚后吃苦是在所难免了。

结婚后，这对夫妻以前种下的误会的种子终于在现实生活的土壤中生根发芽了。

这时他们才会发现，彼此根本是缺乏了解的。

为了维持婚姻，为了保留下一点点当初那美妙的梦，他们将不得不费尽心思地去理解对方！

在家庭生活中，夫妻俩都不能完全地投入，因而总是磕磕绊绊，不尽如人意。双方的个性都很强，谁也不愿让步，所以很容易导致最终的离婚。

在教育子女方面，最好是由多血质的父亲或母亲来担当主角，黏液质的父亲或母亲唱配角，这样有利于子女个性的健康发展。

（3）黏液质—抑郁质。

如果黏液质女性对抑郁质男性有了兴趣，就必须采取积极的进攻方式，因为要给抑郁质的男人留下深刻印象，最好要主动。

对抑郁质的男性，一定要亲自出力、不辞辛苦。要主动上前与他搭话，和他寒暄，和他亲热。只有这样，你们才会关系融洽，并慢慢地发展成爱情。

当然，一开始不要过分接触，因为这样反而会失去机会。抑郁质人是认生的类型，当你们还不熟的时候，你要是太热情，反而会把他吓跑。

无论何时，态度始终如一，就能得到抑郁质人的信任。相互信任的人，会相互尽力。

和抑郁质男性成了朋友以后，如果想在什么事上都互相信任，就不要过分客气。当然，你可以接受朋友的好意并不坏，但能在精神上支持朋友，这是更重要的。如果借着别人的信任而看不起信任你的人，人家就会离开你。

抑郁质女性有一颗容易受伤的心，不喜欢别人进入她的内心世界。因此，对他人也不愿进行内心的交流，哪怕男方没有守约，并显示出不严肃的一面，她们也不会直截了当地用严厉的话去责备，就是说了，也不会全说。

因此，对于抑郁质的女性，要以谨慎、用心的态度去对待，并且最好是如实地表现自己，不要掩饰。

当你有想法时，你要用坦率的心情说给她听，只要她对你有一点好感，而你又积极地表现时，看上去小心、胆怯的女性也会做出意想不到的大胆行为。

但你不要故弄玄虚，这样做是要被对方轻视的。

当黏液质的女性和抑郁质的男性结为夫妻时，作为妻子，她的变化将是惊人的。

她会完全改变自己在做姑娘时的种种固执好强的个性，而充分表现出一个贤妻良母所必须具备的品性。

作为抑郁质人的丈夫对妻子的爱是极其可靠的，深厚温暖的爱情婚姻生活使黏液质的妻子心满意足。

黏液质的妻子由于其本身的气质影响，因而非常容易走极端，要么是温柔贤惠的好妻子，要么是动不动就要吵闹的悍妇。

这两种人如果面临离婚危机时，她们的表现反而会惊人的一致。如果丈夫不尊重她们的想法，只会使事情变得更糟。

如果是黏液质人做丈夫，那么他就会不知不觉把妻子当作自己的姐姐来对待。换句话说，黏液质的丈夫从骨子里来说是一个被宠坏的孩子，对家庭并无多少责任心可言。

在子女的教育方面，最好的状况就是由黏液质的父亲或母亲来负责培养发展孩子的个性；而由抑郁质的父亲或母亲来培养孩子的为人处世之道。

（4）黏液质—胆汁质。

黏液质女性应该明白，男性采取含糊、暧昧的态度，不是因为他们感情还不明确，这是胆汁质男性寄予好意的表现。

没有什么装饰的表现，只要直接表示的态度，黏液质男性就会很开心。不要逞强，因为对方的气质像孩子一样纯真，是没有戒备心的人。如果你想搞什么小动作，容易让人误解。

在胆汁质男性的眼里，黏液质女性头脑聪明、办事周到，说话有趣，是很可爱的一类。

黏液质的女性，如果能够做到胆汁质男性心目的好女人，很不容易。亲切地交往，对方会殷勤地为你效劳，但绝不要因此以女王自居，而更应该多表示诚意，让他一眼就看出你是个很好的主妇。这样双方的关系就会牢固，因为对方是一个对女性的态度和想法比较敏感的人。

对胆汁质男性的缺点，即使看到了，也要装作没看到。那些让对方反感的话和事，绝不要去说去做。

黏液质男性，如果想在不违背自己意志的情况下寻找一位胆汁质女性的话，就必须坦率地表达自己的心情，也可以在行为上反映出自己的打算、想法。

真诚相待，会使胆汁质女性成为你的坚定支持者，而且她们还颇有牺牲精神。但是，如果男性得到一点成绩就忘乎所以，到处炫耀自己，这样就会失去她。

因为双方有洁癖，所以黏液质男性在发挥自己所长时，一味随心所欲，而无任何防备，这样就会显露出缺点。不管胆汁质女性如何使你觉得亲切，你也应总是把她当作可有可无的人来对待。对她采取无所谓的态度，忽冷忽热，她反而会被你吸引。如果你对她过分殷勤，她倒对你无所谓了。要使对方顺从，只有采取游击战术。

当黏液质人和胆汁质人终于结为夫妻，正如我们已经说过的，如果妻子是黏液质人时，总是希望夫妻双方成为好朋友，平等地相处。

二、不同性格人的爱情

1. 外向型思考类型的人如何赢得爱情

你是个理论支配一切的人。但生活却并不是仅有理论，而且感情的东西更多，所以想有个疼你爱你的男（女）孩，你并不能随心所欲哟！

对男孩子说的悄悄话：爱情不是理论！

你是无论什么都要用脑子思考，希望得出结论的人。但是请不要忘记女孩子的心正相反，是用情感支配的。这种类型的人不会表达自己的爱情，但是请记住，比起那些高价的礼品来，从心底发出的爱的语言更能发挥威力。另外，总是板着一副毫无表情的脸也不行。如果老是眉宇间拧着个疙瘩，装出一副思考的样子，女孩子也不敢理你了。

对女孩子说的悄悄话：尽力展示你的温柔！

女孩子较少有这种类型。如果你是这个类型，那么你有一个非常有利的地方，那就是你能够轻易地了解男孩子的想法。交了朋友话自然多了，如果你找到了喜欢的对方，就先交朋友吧，然后你要尽力表现女孩子的妩媚，让他大吃一惊，惊异是恋爱的调味品。如果你平时像一个男孩似的“疯疯癫癫”，那么在你的“那位”面前立即文静温柔起来，那么“那位”就是你的了。

2. 内向型思考类型的人如何赢得爱情

你是一个非常渴望爱情的人，但表现却总是显不出你的生活情趣来，所以试试过生活吧！

对男孩子说的悄悄话：执着但别执拗！

这种类型的你，准确地说是纯情的人。由于你缺乏自己向女孩子表达感情的勇气，所以，如果有女孩子向你表示了好感，你会像刚刚出壳的小鸡那样紧迫不舍。这样做，顺利还好，如果“我绝不放过她”的心情太强烈，这种过分的执拗可能会把爱情推向失恋。关键是要学会和她保持适当的距离。

对女孩子说的悄悄话：走出闺房去找爱情！

内向型的人大多愿意待在家里，而不喜欢外出。你是不是在假日喜欢躲在家里读书看杂志，而不愿上街购物或会友？然而，这样就失去了很多外出巧遇的机会，爱情是等不来的。偶尔也打扮得漂亮些，与朋友上街走走吧！说不定会碰上机会。

3. 外向型感情类型的人如何赢得爱情

感情非常丰富，但不可滥用，否则难保对方不怀疑你的“企图”，以为你这个人“水性杨花”。

对男孩子说的悄悄话：珍重自己的感情！

无论什么样的女孩子，你都能很快适应对方，并且能很快让对方接受你。应该说，你是一个非常受女孩子欢迎的人。一般的男孩子见到漂亮的女孩子总是很含蓄地夸对方或藏而不露，而你却会毫无遮掩地脱口而出：“小姐（女士），你真漂亮！”你在向喜欢的女孩子表白爱情时也不拐弯抹角，而是直接向对方表白。如果你想有一个女朋友却没有的话，你应当小心：你对所有女孩子都大献殷勤，女孩子把你当作花花公子了。

所以，你应该让自己的感情有所收敛，而只让你中意的女孩了解你的真心。

对女孩子说的悄悄话：关心对方别太过分！

这种类型的人很善于关心人、体贴人。因此，当遇到自己喜欢的人以后，不少人就每天打电话呀，给他送盒饭呀，关怀得无微不至，简直像个女主人。然而，这一切做法能否讨得对方的欢心却值得怀疑。因为你这样做，最终是为了你自己。所以你的关心，只是为了牢牢地抓住他。如果真的喜欢他，就应该尊重他的自由。给对方以充分的自由，他还反倒离不开你了。

4. 内向型感情类型的人如何赢得爱情

这种类型的人感情虽然很丰富，但却并不会表露，反而会表现出相矛盾的行为来，所以对你来说，千万别装模作样，想什么就说什么！

对男孩子说的悄悄话：做个男子汉！

你的脾气古怪，本来你很喜欢她，可是见了面后，你却恶语相伤，比如说什么“你不可爱”“你应该瘦些”之类的话，是不是这样？你既然对她有心了，就应该有男子汉的样子。不然，你的样子就像小学生抓住女孩子的辫子，把她逗哭一样，永远长不大。你应该学会保护她，让她体会到你的温情，不然她怎么能明白你的心呢？

对女孩子说的悄悄话：把交友放到第一步！

别人越是热恋着你，你对人家越表现得若无其事。这样，别人再有好感，也不会发展到恋爱阶段。所以劝你先以朋友的感觉和男孩子交往，不要问是什么类型，只要遇到你觉得不错的男孩子，要像交同性朋友那样去接触。这样，对方肯定会发现你的长处，你们就能自然而然地走在一起了。

5. 外向型感觉类型的人如何赢得爱情

对男孩子说的悄悄话：嫉妒心不要太强！

你自己口头不讲，但自信自己很潇洒，又很会说话，可为什么还是被甩了呢？如果你为此而感到愤怒，那么根源可能在于你的嫉妒心太强。“昨天你干什么去了？”“哪儿来的这套衣服？”，你喜欢刨根问底，可能自己没觉得什么，对方却把它当成嫉妒心了。哪怕是再亲密的恋人，也要尊重她的自尊心，不然，你迟早会失去她的。

你不能说“爱情是自私的”之类的话了！

对女孩子说的悄悄话：别太看重外表！

你太看重对方的长相了。不仅是看男孩子的长相，甚至要审查他的发型、服装，于是得出“没有哪个男孩子适合我”的结论。当然，既然交男朋友，的确长得帅气的好，但是仅从外表不一定找到真正的朋友。应该寻找一个心地真正出众的男朋友。而且外表与内心并非总是保持一致的，你应该多去探寻对方内心的美。

6. 内向型感觉类型的人如何赢得爱情

有时候感觉并不能代表一切，尤其是对人的时候！

对男孩子说的悄悄话：你了解真正的她吗？

你是按自己的想象捕捉现实的人，如果是物体和景色，这并无不可。然而用这种方法判断人，就有问题了。你认为“她是这样的人”之后，就一个人陷入了想象之中。其实，事实往往不是这样。所以当你拿出勇气表示爱情的时候，自己会遭到拒绝。要确切留心她的言行，了解真正的她。

对女孩子说的悄悄话：真正地和他进行交流！

一旦成了恋爱关系，你常说的一句话是“只要你喜欢就行”，容易把一切都交给他。你可能认为，这不是顺从他，只是对这些烦琐小事无所谓，而且也懒得讲自己的意见。这样的话，他等于找到了一个洋娃娃，太可怜了。你应该常常说出你的真实想法，和他交流交流。这样，你们的关系会更好。

7. 外向型直观类型的人如何赢得爱情

你知道你喜欢谁，但对方并不知道你在喜欢他（她）。

对男孩子说的悄悄话：真心地关怀她！

你的心胸开阔，表示爱情时也很沉着。当你发现“就是她”时，要想强忍着不说是很困难的。然而，主动进攻的机会很多，却毫无成果。这是为什么呢？是因为你不会关心人。是不是头脑里装了一大堆别的事情，唯独想不起她来？不要忘记，女孩子是喜欢真心实意的人的。

对女孩子说的悄悄说：别轻易移情别恋！

“这个人有才”“是个好人”，当你的头脑中有了这一闪念，你就会积极靠近。这种类型的人找到男朋友并不是很难的事。问题在于你的心情变化多端。无论是多么具有发展潜力的人，不一定立即开花结果。应该从长远来看，认准了“就是这个人”，然后就坚定不移，千万不要见异思迁，这山望着那山高！

8. 内向型直观类型的人如何赢得爱情

对男孩子说的悄悄话；不必太主动！

和女孩子交朋友太麻烦……这种类型的人大多有这种想法。这种类型的人不善于身体的接触，尽管有强烈的愿望，但在女朋友面前，往往变得手足无措。为了避免这些失败，以至于不愿意交女朋友了。甚至会有一种奇怪的“男孩子就应该主动……”的想法。请你自然一点试试，这样肯定进展会更顺利。

对女孩子说的悄悄话：打扮一下自己！

这种类型的人大多数认为主要是内心而不是外表对一个人更重要。这种人的感悟能力很弱，就连自己怎样才漂亮似乎也不太知道。然而，在恋爱季节，化妆一下自己的面容当然是一件大事。找一个会打扮的朋友做自己的美容顾问，改变一下自己的形象，或许也是个好办法。

第六章

个性的优化

每个人生来都是独一无二的，但是，你真正意识到自己的独特之处了吗？你是否仔细思考过以下问题：我究竟是个什么样的人？我能成为怎样的人？我能做些什么来改变自己？这些问题看似简单，但却非常重要。它们关系着每个人对自己的认同和接纳。个人的目标、发展及行为方式，体现着一个人的个性，又制约着个性的发展优化。

第一节　个性优化的阻力

一、个性优化的阻力之一——不了解你自己

“我是谁”这是一个亘古不变的话题，也是每个时代的每个人都必须面对的问题。对于处在成长阶段的青少年来说，他们更急需找到这个问题的答案。就在追求这个答案的过程中，每个人的个性也就淋漓尽致地展现出来，同时不同的答案又对各自个性的发展产生深刻的影响。

1. 自己是个怎样的人

现实生活中，常听有人说：我很难说清楚自己到底是个怎样的人，我想找到自己却总也找不着；有的人则说我懒得去想，想多了没用；而有的人却对自己很了解，能够在社会大环境中找到自己的位置。

2. 自己要成为怎样的人

有一种人对自己要成为什么样的人，可能会成为怎样的人一概不关心，没有追求，稀里糊涂过日子。还有一种人则认为自己是什么样的人，

根本无须去关注，想这些问题毫无意义。有的人常常把这些话挂在嘴边：别想太多了，难得糊涂。这两种人的生活态度是今朝有酒今朝醉，当一天和尚撞一天钟。有些学生在经过努力拼搏考上大学之后，就迷失了自我，不知道如何定位自己，不知道自己要做什么，不知自己的兴趣所在，无所事事，虚度年华。有些学生成为“三无”状态：无目标、无兴趣、无情感。这些人表面上看似很快乐，但内心却常会感到不能进步，还会停滞不前并退化。这样的人展现出来的大都是一些消极的个性特征，而他们又不去认真了解自己，寻找自己，因而那些不和谐的消极的个性就很难得到改变。

二、个性优化的阻力之二——不想改变你自己

许多人对自己的现状很不满意，怨天尤人，愤世嫉俗，常常抱怨命运不公，机会不佳。在他们看来，是外界环境导致自己落到如此地步。殊不知，个人的命运是掌握在自己手中的。然而，现实生活中许多人却根本不想改变自己。有的人会说：我就是我，怎能轻易改变。还有的人会说：人的命，天注定，改变自己有何用？有的人为自己的习惯所支配，认为革自己的“命”太痛苦，何必太累；有的人根本就不去过多考虑这些问题；有的人尽管也想改变自己，但是却总难付诸行动，或者难以坚持。以上的种种表现很容易使人陷入个性优化的误区。

1. 认知的误区——思想的阻力

在优化个性的过程中，人们的认识起着很大的作用。由于种种认识的偏差，致使人们在对个性的优化上存在各种误区，进而影响个性的优化。

（1）认为个性难以优化。

在不少人看来，人的个性是很难改变的，正如俗语所言：江山易改，秉性难移。在交往中人们常常会说，“他（她）就是那种人，没法子。”

"他那脾气跟他父母一个样，谁能改变他。"

人们之所以这样认为，理由是：人的个性在很大程度上是由父母遗传的，天生的；个性受早期环境和教育的影响很大，而这种影响是很难改变的；青年人的个性已基本定型，是不易改变的。

的确，在一般情况下，人的个性一旦形成之后，就具有一定的稳定性，从这个意义上讲，个性是不易改变的。但这只是一个侧面，另外，人们日常所说的秉性即心理学中所讲的气质、性格，并非个性的全部内涵。个性还包括一个人的兴趣、需要、动机、能力等，而兴趣、需要、动机、能力在很大程度上都可以后天培养。也就是说，个性可以在一定范围内优化。

台湾资优教育专家吴武典教授曾说过这样一段话："我们——两足直立的人类，造物者并没有给我们身体上的蜕变，却为我们准备了'心灵'上蜕变的可能。这种蜕变同时也能促进我们外在形象的'改头换面'，那就是以一个丑陋、平庸、消极的我，经由成熟与学习，一变而为美丽、善良、不平凡的我。事实上有不少人在经历了一场'脱胎换骨'的变化之后，生命确实产生了极大的改变，给外人的感觉也完全不一样了。最显著的改变如：自我价值提高、冲突减低或解除、罪疚感消失、是非善恶的辨识力增强，由此导致内心的和谐与快乐。有些人甚至连知觉都变得敏锐了，他们所看到的世界，似乎青天更蓝，碧草更绿，路上的陌生人都向他点头微笑！人类心灵上的变化，一如毛毛虫蜕变成蝴蝶，把他带入一个前所未有的新境界。"

英国医学家、生理学家、诺贝尔奖获得者谢灵顿，是出生于伦敦一个贫民窟里的孤儿。因少年时代沾染了各种恶习，整天游手好闲，周围的人都说他不是好料，可是他听惯了，对这些评论毫无所动，对许多有意义的事也不感兴趣，想就这样混下去算了。有一次，他因钟情于一位挤奶女工，便斗胆向她求婚，这位女工气愤地拒绝了，并说："我宁愿跳进泰晤士河淹死，也不愿嫁给你！”这一打击使他从迷途中觉醒，他发誓一定要有所作为。他悄悄地离开了伦敦，从此一改所有的恶习，渐渐对生理学产生了兴趣，并含辛茹苦，埋头苦读，多年后终于成为世界著名的生理学家。

有的大学生刚开始一点儿也不喜欢跳交际舞，但在同学鼓动下参加了几次舞会，之后便对跳舞产生了浓厚的兴趣；有的人起初根本不敢下水，更谈不上对游泳有何兴趣，但最终成了游泳高手；有的人不善与人交往，但在经过努力锻炼，交往能力有了很大提高。

当代著名认知心理学家斯腾伯格提出了全新的成功智力理论。成功智力包括分析智力、创造智力和实践智力三个方面。他认为传统的智力理论企图使人们相信，智力是与生俱来的，智商是稳定而难以提高的。其实，“智力部分来自遗传，部分源于环境”，社会文化与人的经验对智力的发展都有着重大的影响。因此，智力是可以改变的。你可以使你的智力上升，也可以使你的智力下降，成功智力尤其具有这种变化的可能。发展心理学的最新研究表明，人的智力发展并非在成年之后就停滞了，而是一直在发生变化。因此，作为人的个性重要组成部分的智力、能力并非一成不变的，每个人都有改变自己智能的可能性。

苏联心理学家富尔顿纳多夫调查了一个中学的女学生瓦莉娅。瓦莉娅年幼时胆怯、孤僻、害羞，经常烦恼、伤心，甚至哭泣，属于弱而不灵活的气质。但是在学校教育、引导下，她积极参加社会活动，并且担任一些领导工作。经过长期的努力，她养成了主动、独立的性格，并且还克服了孤僻、胆怯等带抑郁质的特点。

林则徐自幼好强，脾气急躁，遇事容易发怒，以致常常把好事办坏。他的父亲曾多次提醒他，并在给他的家信中专门讲了一个“急性判官”的故事。林则徐读完家书，深知父亲的良苦用心，下决心改掉自己急躁的坏脾气。他亲笔书写“制怒”二字，制成横匾挂在自己书房里。以后不管他走到哪里，那块横匾就会随着他带到哪里。甚至当了官以后，仍经常与人讲起“急性判官”的故事，以此来自警自策，使暴躁的性格有所改变。

诸多的研究表明，只要你想改变自我，而且是发自内心的强烈愿望，你就一定能优化自己的个性。

（2）拒绝优化。

现实生活中有些人虽然认为个性在一定范围内是可以得到改变的，但是他们却认为没有必要去努力改变自己，甚至拒绝改变自己；有的人认为优化自我会让自己活得太累，认为活着就是要享受生活；有的人认为，我就是我，我与众不同，这样才有个性，否则就失去了自我。

这是一种错误的看法。因为笔者这里所说的是个性的优化，而不是彻底改变。每个人都有自己独特的个性化优势，这需要保留和张扬，但是任何一个人的个性都不是完美无缺的。所以我们有必要将个性中的劣势部分进行优化。这样不但不会失去自我，反而会更好地成就自我。正如张三做了双眼皮或隆了一个高鼻子后，就不再是张三了吗？答案肯定还是张三，此时的她也许会别有一份自信的感觉。人的一生都在变化之中，这是生命的真谛。正如蝴蝶从卵到幼虫再到成虫的蜕变过程，愈变愈美丽，但并不能说蝴蝶已变成另外一种昆虫了，只能说是经历了生命的不同阶段。

另外，还有的人认为，人的命，天注定；人好不如命好。正如许多人所说：能干的不如有福的，干得好不如嫁得好。现实生活中有的人的确因为出身高贵，生在一个幸福的家庭中而生活幸福，有的人因为找了一个好丈夫或好妻子而生活美满。但是值得思考的是，人生的价值是，当一个独立的人还是当一个寄生虫，是漫长的平庸还是短暂的辉煌。这是人生观的重要问题。

2. 行动的误区——习惯的阻力

现实生活中有些人也有自知之明，知道自己有哪些不足之处，也想努力去改变自己，但他们总是行动的矮子，想到做不到，说到做不到，成为习惯势力的奴仆。要么是缺乏革除旧习惯的勇气，前怕狼后怕虎；要么是不去行动，不去建立新习惯；要么是难以持久，半途而废。因而，自我个性的优化就难以实现。

（1）缺乏勇气。

改变自己的个性意味着突破固有的思维定式和行为模式，意味着要改变过去已经习惯化了的东西。有人说：改革和阻力永远是一对孪生兄弟。的确，改变自己需要克服来自多方面的阻力，尤其是要战胜自己，这是一项艰巨的工程，需要很大的勇气。众所周知，学习一件新事物总比运用旧经验困难得多，许多人不是不愿提高能力、丰富兴趣，而是有一种畏难情绪，有一种惰性，况且大多数的人一开始都有一种拒绝做任何改变的倾向，尤其是当一个人在现有的行为习惯中加入新的行为，或改变现有的行为向着积极的方向迈进时，这种抗拒力就会变得相当强大。

改变自己首先要做出决定，决定是否要改变自己，改变自己的哪些方面。决定和选择需要勇气，意味着要承担责任，而且经常带来紧张、焦虑和压力，甚至是危险。如有的人胆小怯懦，不敢当众发言，不敢穿时髦服装，不敢及时表达自己的情绪等。当决定要改变自己这一不良品质时，就意味着要变得勇敢大胆，与过去的形象决裂。有些人在未行动之前就已产生了恐惧心理，如担心万一开口说不好，别人会不会笑话自己；穿上从未穿过的时髦衣服，看到镜中从未出现的形象，自己都得有个接纳的过程，别人是否能接纳，会怎样看自己；表达了对人的不满，他人会产生什么反应等。这些都需要用极大的勇气来战胜自己。

与此同时，当下定决心要改变自己时，还需要有勇气来迈出艰难的第一步。再以胆小怯懦的人为例，他们也鼓励自己要在大庭广众之下主动开口，可是真的身临其境时却欲言又止，打退堂鼓。事实上，当你真的迈出第一步的时候，可能会发觉事情并不像你想象中的那么严重。例如，曾经有一个学生很内向，从未有过上台发言的经历，当老师事先布置下次课要每个人上台介绍自己时，他内心做了很激烈的思想斗争，几乎想溜课，但最终还是登上了讲台，尽管很紧张，还是坚持了下来。第二次登上讲台，虽然还是很紧张，但因为有了第一次好的开头，感觉轻松了许多。以后登台讲话就再也不紧张、不胆怯了，而且还开始主持报告会等，最终获得了很大的进步。

有些人之所以缺乏勇气，主要是因为缺乏自信。他们总是以别人的评价作为自己成败的标准，别人承认或肯定，就算是成功，行为的准则是别人所认为合适的。事实证明，做一件在别人看来是对的事对自己来说可能就是不对的。如学习父母为自己选择的专业，也许你根本就不喜欢，或根本就不适合你学，等等。因此，以别人的赞誉或肯定而决定自己的行为，那无异于自我毁灭。是否成功，自己是最权威的裁决者。与过去相比，看看自己有了哪些进步，如从不愿上讲台当众发言的人，只要自己敢上去，就是一个进步，至于讲得好坏，那是以后的事，是下一步努力的目标。

另外，改变自己还需要具有承担风险的勇气。一个人一旦变换一种行为方式，就意味着要改变现状，体验从未经历的事情、从未有过的状态，也许还要付出一定的代价。而有的人总是害怕冒风险，习惯于平稳、安定的生活。如有的人优柔寡断，很想改掉这个毛病，但一下子让自己变得果断起来，似乎是很困难的。因为他们担心，如果遇到一件事情时强迫自己果断地做出选择，假使结果并不理想，这时他们就很容易后悔当初自己没有好好考虑，与其承受后悔的痛苦，不如维持现状。

某种意义上讲，人们应该向跳蚤学习，因为如马克·吐温所说，跳蚤是在“日里夜里，而且是在所有的日里夜里都活在舐吮危险与即刻出现的死亡当中”，然而它却“不知恐惧为何物”。成长的本质就是“变”，“变”需要勇气，需要去冒风险，必须树立勇气和信心来改变自己。

革除坏毛病，进行心理美容需要具备很大的勇气，需要积极地抗拒和克服由这种变革所带来的疑虑、恐惧等心理上的障碍，否则个人就不会得到发展。

（2）缺少行动。

现实生活中有的人很想改变自己，也有如何改变自己的计划，但仅仅是限于纸上谈兵，是语言的巨人、行动的矮子。有的人下决心要养成早睡早起的习惯，可是到了晚上就情不自禁地坐在电视机旁不停地变换频道，直到屏幕上出现“再见”为止；有的人决心提高自己的口语表达能力，在大庭广众之下主动发言，但机会出现时却又打退堂鼓，事后常常责备自己，发誓下不为例，总是“常立志而志不立”。这样的人比比皆是。不愿行动，一方面，因为受惰性的支配，惰性使人习惯了享受现成的生活，正如有人所说的“能坐就不站，能躺就不坐”，而行动总需付出；另一方面，对优化自己的个性的态度并不坚定，虽然也有打算，但并未真正成为一种动力。如果一个人迫切要求提高自己，而且目标明确，那么这种愿望和目标就会形成巨大的推动力。

说得好不如干得好，“百说不如一干”。优化个性最关键的是要身体力行，落到实处。行动不一定有好的结果，但不行动就永无结果。一个人如果只是想，而不去实践，哪怕是像打开瓶盖这样的小事，也无法办到。有句名言说得好：“播下一个行动，你将收获一种习惯；播下一种习惯，你将收获一种性格；播下一种性格，你将收获一种命运。”积极的行动日积月累就会成为一种好的习惯，习惯的长期出现就会积淀成你个性中的一部分。

“建功立业的秘诀就是行动”。如果你决定提高自己，那就立即行动起来。比如说决定打一个电话，那就马上去打；决定擦自行车，那就赶紧动起手来；决定不再沉迷于电视机前而要读几本好书，那就关掉它。如果明日复明日，那么就会养成拖延的坏习惯。

还有的人能行动起来，但难以持久。这种人也是相当普遍的。如有的人不拘小节，说话直率，一时可以注意克制，但时间长了又回到本来面目上。有的人做事被动，也许一时一事可以变主动，但经不住习惯势力的反抗，最终还是维持原样。有的人可以坚持几天早起床，但过不了多久就经不住惰性的抵抗，又开始睡懒觉。个性优化需要打持久战，需要不时地检点自己，严格要求，并做出努力。

众所周知，任何一种能力的提高都非一蹴而就。如大家熟知的书法家王羲之，7 岁开始练字，熟读前代书法作品，以后遍游名山大川，结识书法名家，博采众长，几十年如一日，刻苦练笔从不间断。他在绍兴兰亭临池学书法时，因每天洗笔砚，使清水池变成了“墨水池”。正因如此，才练就了“入木三分”的笔力。

优化个性包括方方面面的内容，如丰富兴趣、提高能力、提升需求、优化性格等，这些要真正付诸行动，需要付出巨大的努力，需要经历痛苦，需要坚持不懈。而许多人却不愿吃苦，吃不了苦，声称缺乏毅力。有人认为，有无毅力是相对的，你可能在某些方面很有毅力，而在别的方面却无毅力。如有的人读书时废寝忘食，而锻炼身体却难持久；有的人工作时没劲头，搓麻将却能通宵达旦。关键并非你的毅力如何，而在于你对自己的态度。如果一个人十分强烈地希望美化自己，希望与自己的坏习惯决裂，而且能够不断地警戒自己，那么毅力也就随之而至。

第二节 优化个性——生存发展的需要

在竞争日益加剧的现代社会，每个人都会面临生存和发展的考验，如何生存和发展，何去何从，是每个人都应思考的问题。

一个人的个性对其生存、发展、成功起着重要的作用。要想事业成功、生活幸福，就必须注意从小培养良好的个性，不断优化自己的个性。而个性的优化首先要从认识自我做起。一个对自己缺乏了解、不知自己为何许人的人，是无从谈起对自我个性的优化的。

一、弄清我是谁

我究竟是个什么样的人？我从哪里来？我的个性如何？这是有关发展自我的问题，也是优化自我的前提。

首先，要了解个性的有关知识，如个性究竟是什么，包括哪些组成要素，各要素的具体内涵等。否则，就无从下手去评价个性的好坏。在这种理性认识的基础上，静下心来认真反思自己经常表现出来的言行举止。可以对照一些优秀人物的具体表现，结合周围的人，如父母、亲友、老师、同学等的评价，看看自己在个性的各个方面最主要的表现是什么，突出的优点有哪些，主要的不足在哪里。可以自行设计一种表格或列一栏目，逐项写下自己思考、评价的结果。如性格方面，主要的优点是什么，缺点是什么，一定要写得详细些。

其次，要认真思考这样一个问题，即我从哪里来？孩提时代许多人都可能向自己的父母发出这样的提问，也许一些成年人对此很不屑，但仔细想想，不是每个人都能对此作出准确的回答。

“我从哪里来”并非局限于“生理的我”是如何从娘胎里诞生的，更主要的是指“心理的我”是如何造就的。换言之，不仅要了解自己的个性是什么，还要了解此时此地的我为什么是这样的个性，了解影响自己个性形成的各种因素。家庭、民族、国家、周围环境、自身经历等，都是我们心理的塑造者，每个人身上都有它们抹不掉的烙印。

家庭是自我个性最早期、最直接的塑造者。父母的个性、教养方式、家庭经济状况、人际氛围等，都对每个人的个性产生很大的影响。生理的我在很大程度上来自父母的遗传，那么心理的我又秉承了父母哪些方面呢？从他们身上是否也能看到自己的影子？不妨注意仔细观察父母的言行举止，再对照自己的表现，看看自己与他们的共性和差异各是什么。透过父母的言行举止，可以帮助我们更好地了解自己。

不同的民族、国家和地区，因政治、经济、文化等的差异，造就出群体之间的差异。在广阔的背景下，你也会在潜移默化中因袭了大部分人所拥有的一些共性，如东方人的忍耐、含蓄、勤劳、保守等，东北人的直率、豪爽、热情等。

回顾自己成长的经历，也许你会发现此时的我正是过去的我的延续，也许已有了很大的变化。仔细考虑一下，到目前为止，自己曾经历过哪些波折和磨难，有过哪些辉煌和成就。你最高兴的是什么，最痛苦的又是什么；最担忧的是什么，最期盼的是什么；它们对自己的个性有过怎样的影响。

总之，了解自己所走过的历程，了解自己的来龙去脉，才有可能更清晰地认识自己，做自己行为的主人。

二、确定我到哪里去

了解自我，认识自己的个性并非最终目的，还应在此基础上设计自我，思考“我到哪里去”的问题。

“我到哪里去”，有的人也许会理解为自己将来要去哪里发展，如出国留学等，这只是表层的含义。我们这里的真正含义乃是自我个性发展的方向，也就是我要成为怎样的人，走什么样的道路，我要努力改变自己身上的哪些东西；我能做些什么，这是每个人都需真正面对的问题。

对有些人来说，自己的人生方向、目标是父母的事，根本不去过多考虑；有的人根本不想思考这样的问题，只想顺其自然，听天由命；有的人虽然也在思考这个问题，但总也找不到答案。常听一些人说：我自己也说不清楚究竟要成为什么样的人，真的很茫然。的确，对自己做出规划并非一件轻而易举的事情，需要智慧，也需要毅力，但它又是关系个人一生发展的重要问题。

1. 要在了解自己的基础上，制定自己的人生目标

在人生的旅程中，没有目标就像没有舵手的航船，只会在大海中漂泊，永远也不会到达彼岸。因此，要想实现自身的价值，就必须制定出自己的人生目标。在思考自己的人生目标时，一定要认清自己究竟愿意干什么，真正擅长干什么。也许你一时难以找到这些问题的答案，会感到很茫然。你可以回顾一下自己走过的路，看看自己曾经经历的成败得失，再结合他人的评价，或与熟悉你的人进行商议。你可以拿出一张纸，在上面写下思考的结果，然后开始设计人生目标的金字塔，要找出人生的终极目标，即理想。再就是长期目标，即 10 年后的目标；再找出中期目标，即 5 ~ 10 年的目标；还要定出 1 ~ 5 年内的短期目标；最后是 1 年的近期目标。要订出近期目标的具体实施计划，具体到每个月、每一周，甚至每一天。当然，在设计每个时期的目标时，可以有多个目标，但不能滥。每个

目标都可以单独制定一个金字塔。另外还要认真审视目标，看其高度、难度是否适当，措施是否切合实际。

2. 每个人只能做最好的自己，而不要想去做最好的别人

有的人对自己很不满意，也想改变自己，但他们常常喜欢羡慕别人，如内向的人羡慕外向的人能说会道，外向的人羡慕内向的人沉稳等。现代社会，人们似乎更喜欢那些外向性格的人，外向似乎成了活泼、开朗、大方、能说会道的同义语，而内向之人则意味着有许多不受欢迎的品质，如怯懦、不善言谈、无能、诚实等。在这样的价值取向下，是否每个人、每位家长都应努力将自己、子女培养成外向型性格的人呢?

有这样一则寓言故事：

有一天，一群动物聚在一起，彼此羡慕对方的优点，抱怨自己的缺点，于是决定成立一所学校，希望通过训练，使自己成为一个通才。它们设计了一套课程，包括奔跑、游泳、飞翔和攀登。所有动物都注了册，选修了所有的科目。最后的结果是：小白兔在奔跑方面，名列前茅，但是到游泳课的时候，就浑身发抖；小鸭子在游泳方面，成绩优异，飞翔还差强人意，奔跑与攀登的成绩是惨不忍睹；小麻雀在飞翔方面，轻松愉快，但是不能奔跑，碰到水就几乎神经崩溃；至于小松鼠，固然爬树的本领高人一等，奔跑的成绩也不错，却在飞翔课中，学会了溜课。

大家愈学愈迷惑、愈学愈痛苦，终于决定停止盲目学习别人，好好发挥自己的长处。他们不再抱怨自己、羡慕别人，因此又恢复了往日的活泼与快乐。

从这则故事中你受到启发了吗？天生万物，各有长短，不能强求；人的价值，在于回归自我，也就是把自己最好的充分发挥出来。

世上没有两片相同的树叶。每个人的生活方式、努力方向也不可能与别人雷同，何去何从，需要从自己的实际出发去思考。如不同气质类型的人，不可能在优化个性之后变成同一气质的人。因此，优化个性，也需从

自身实际出发，扬长避短，因人制宜。再者，要以目标为核心，认真思考自己的个性中需要改变什么，不需要改变什么。如有的人想做一名学者，他能够潜心做学问，肯钻研，有毅力，这是其长处，但他不善与人交往，不善表达自己的思想，这会阻碍其发展，那么这就是他要努力改变的方面。你可以在一张纸上认真写下自己思考的结果，这样才会明确前进的方向。

总之，每个人都有自身独特的价值，改变自己并非全然抛弃自己，东施效颦、邯郸学步只能适得其反。要依据自身目标的要求。来确立自己努力的方向。

做自己所想做的，而不计较自己所想要的，会使你真正地成为你自己；而不断地更新自己，不固守自己，会使你更好地成为你自己。愿你早日实现个性人生。

第三节　不同性格的人的自我优化

千里之行，始于足下。任何事业的成功，都要打好坚实基础。也许我们不应该纸上谈兵，也许我们不应该好高骛远。踏实做人，踏实做事，踏实训练，这是我们最佳而且唯一的优化性格的途径。

在优化性格的道路上，我们并不寂寞。优化性格，使里根从二流演员成为一流总统；优化性格，使理智的华盛顿流下激情之泪；优化性格，使名模辛迪不甘为富家人的花瓶……我们有他们相伴，我们和他们一起努力，向他们学习！

一、外向型人性格的优化

擅长社交是外向型人的长处，但社交活动过于频繁，则会得不偿失。如果给人的印象是八面玲珑、得意忘形、稀里糊涂，甚至溜须拍马、阿谀奉承，就更为不利。周围的人会认为你的格调低，于是就会轻视你、不尊重你。如果别人认为你缺乏诚实性，那么就会对你的工作产生不利影响。另外，在社交方面花费太多的精力，工作上也容易粗心大意。

一般地说，外向型的人工作都很积极，这是这种类型的长处。但不足之处是，有时由于厌倦、疲劳就半途而废，或一项工作没完成就转向其他工作。这种人好似优秀的短跑运动员，擅长起跑后的加速跑，但较之长跑运动员，他们缺乏耐性的弱点便会暴露无遗。外向型的人，在工作中往往一个人承担一切，负担过重，由此被人称为干将并博得好评，但有时也四面树敌。因此，在工作中不要一人独揽一切，而应与同伴分担，或把一部分工作委托给他人。应注意能量的控制和储存、分配和节省以及合理使用。

外向型人的长处是能高瞻远瞩地思考观察事物。不注意细微琐事，当然无可非议，但有时却也会忽视不可忽视的事情。如果常常这样，难免会招来轻率的诽谤。因此，外向型的人在工作中、在自己的人生设计、人际关系及生活等方面应注意尽量克服这种粗心大意的性格，不要功亏一篑，使自己的努力和辛苦仅因一点点失败就付之东流。

外向型人的长处是能迅速地作出判断，但其判断往往只限于善恶、正邪、敌我、有用、无用等极端化的判断，对于居于其中的情况则一般较少顾及。其实，在与人的关系方面，除了赞成派和反对派之外，还有中间派。在工作方面，除轰轰烈烈和简单轻松二者外，更有很多其他形式。对待生活，也不应采取孤注一掷或碰运气的简单化、极端化的方法。

这种类型的人，有对外界事物抱有兴趣而对丰富内心世界不太关心的倾向，甚至还有人轻视去丰富内心世界。作为这种类型的人，应去写作或欣赏诗歌、短歌，观赏绘画、雕刻、音乐和戏剧，通过绘画或演奏乐器来丰富自己的精神。此外，还应培养丰富精神世界的兴趣，阅读一些作为精神食粮的小说、随笔和评论，观看某种电影。不要只注重实利和实用，还应尽力培养情操，多多思索。这样，就可成为既有深度，又有广度，并充满人情味的人。

俗话虽说“物以类聚”，但是，在亲密的朋友中，却一定要有内向型的人，若能觅得令人尊敬的内向型的人并与之为友，则更好。因为这种人能潜移默化地给你带来影响，对你树立正确的人生观很有裨益。如果是工作上的密友，这种内向型的人的意见或辅佐一定有用。被称为“好搭档”的人，当然根据其工作性质的不同，发挥的作用也有所不同。但在经营事业等方面，外向型和内向型的人常是“二人三足”。外向型人像推土机一样地开拓，内向型人则平整地面，铺设轨道。

二、内向型人性格的优化

内向型人的最大特点是对交际活动极为消极。这种类型中有的人只同少数知心的人交往，同一般人关系很浅，仅保持最小限度的接触；也有的人认为，交际麻烦，为此而表现出躲避、恐惧、拒绝或讨厌别人的态度。所以，这种人要么使人感觉能力低、傲慢、冷酷、薄情和枯燥无味，要么使人感到不可理喻、莫名其妙、令人不快，甚至会被误解为危险的人，从而带来很多不利因素。因此，内向型的人即使不愿交际，也应努力注意使自己的交际活跃起来。而且，应尽可能与更多的人产生共感、共鸣，而不要把自己孤立起来。

内向型人的交际应活跃，但不要模仿外向型人的浅薄和马虎等短处，要发挥自己诚实、严谨和稳重的长处，坚持自己的步调。内向型的人，决断和实干的速度一般都不快，但欲速则不达。要踏踏实实地以自己的速度进行实践，不要因为速度迟缓而陷入自卑感之中。兔子和乌龟赛跑的寓言故事，就是一个人生箴言。有乌龟那种不甘落后、奋起直追的自信心和信念非常重要。

决断迟缓当然无妨，因为有时迅速作出决断，未必能有好结果。可是，如果总是犹豫不决，迟迟不能做出决断并付诸行动，则十分不利。因此，分析、研究过有关资料，并在理论上做出结论之后，就应进行决断。但无论经过怎样仔细的研究和分析讨论，都无法做出最后的决断时（成功、不成功各占一半），不要畏缩不前，而应朝某一方向迈进。小心谨慎固然必要，但不能只慎重而不行动。虽然决断会有风险，但如果不决断、不行动则机会等于零。

这种类型的人，做事有彻底完成或彻底弄清的倾向，讨厌做事敷衍了事、含含糊糊。这是值得尊重的品格，应该保持。但如果拘泥于一事的完满，就不会注意周围的事情，这样便容易产生无暇顾及他事之弊。在弄清某一事件时，也不要一味追究到底。在生活中，还应允许“有所保留”，“有花也有果”的富有人情味的处理方式存在。在与人的关系方面，如果过分刨根问底，就会被认为是庸俗，不文雅或严厉无情。在工作上，如果过于追究某人的失败、错误和责任，有时也会招致怨恨或拼命的反击。俗话说“狗急跳墙”，因此，不要对他人过于严格和苛刻。

具有理论性是内向型人的长处，但为了理论而理论，过分拘泥于细枝末节，也会使人脱离现实，缺乏通观全局的见识。因此，必须改变这种“只见树木，不见森林”的态度。如果连细微之处都穷追不舍，就会成为“抠根癖”，这样不仅会遭到人们的厌烦，而且自己也有逐渐厌事的可能，所以，应该对此予以注意，尽量避免刨根问底。

不少内向型的人具有温和、风趣、优雅、细致、高尚、纯真、虔诚甚至神秘等个性特征，应注意发挥这方面的优势。

第一，应认识到自己的这些内在个性是宝贵的财富。像外向型的人那样活跃并获取荣誉，在地位和收入方面获得世俗的成功，并不等于一生完美、光辉灿烂。应该坚守“只有自己的生活方式，才具有真正的人性力量”这种价值观。

第二，有意识开拓内在的理想，并反映到实际生活中。内向型的人不应满足于模模糊糊、朦朦胧胧的无意识状态，而应努力使自己内在的理想演变为具体有形的东西，如诗歌、绘画、室内装饰或服饰；还应进行广义上的创作活动，如认真记日记、养育花草、看电视里的美术片或纪录片等，同时记录感想；也可以与同伴结成小组，举行鉴赏会和讲演会。总之，无论怎样，不要使这种内在的理想被埋没，与实际生活毫不相关，而应使之具体化，与实际生活相结合，尽量使之在实际生活中表现出来。

第三，应努力表现个性，以求得到周围人们的了解。有的人对表现自己感到畏惧、腼腆，认为自己不擅于此，并因此而绝望；还有的人认为即使加以表现，周围人也不理解，这种态度应被摒弃。正确的办法是，千方百计努力表现，让人们了解自己。应相信自己有能力使周围的人了解自己的个性。

内向型的人属于“冥想型”，其特点是喜欢沉迷于冥想或空想。这种类型的人，应努力使自己面对现实，发挥其创造力，不要只是漫无边际地梦想或做白日梦。人类曾因梦想“能像鸟一样在空中飞翔该有多好”而发明了飞机，使想象成为了现实；联合国的建立，也是基于人们对于一个和平、友好的世界的企盼与构想，由此可见，“想象是创造之母”。这种使想象力付诸现实的事例还有很多。

不过，我们这些平凡的人所进行的创造是有限的。但是，即使是小创造也很有意义。我们应尽量避免构想落空，而应使其与生产和社会实践相结合。日常生活中，人们会产生各种变化无穷的想法；工作时，人们可能产生跳跃性的设想，这些都应朝创造性的方向。

内向型的人的感受性很丰富。眺望蔚蓝的大海、洁白如银的山峰，面对夕阳西下和夜色星空，他们不仅感到美，而且会感受到更丰富、更深刻的内容。比如，当看到流星飞逝而过时，就感到宇宙的永恒。这种深刻、敏锐、新颖的感受性若能朝着创造的方向，同时有效地应用到实际生活中，无疑将会更有价值。

三、外向思考型性格的人如何优化

外向型思考类型性格的人非常理智、稳重，但由于容易过于客观，是非异常分明，所以这种人缺乏激情，给人以老成持重的感觉。如果过分理智与客观的话，这种人容易瞧不起别人，对一些不容于自己的人和行为总看不惯。

过分理智就容易显得缺少激情。人若是没有激情，把大家都变成机器人那么理智，生活还会有情趣吗？工作还会有热情吗？

华盛顿在年轻的时候是个完全缺乏激情的人，他不苟言笑，总是拿出理由充分的数据与分析来使人折服。但是，华盛顿从一个农场主到美国第一任总统的人生奋斗历程，却经历了自己不断克服自己，不断战胜自己，不断完善自己的性格优化过程。

华盛顿的祖先是英国人，1657 年作为移民来到现在美国的弗吉尼亚州。他的父亲叫奥古斯丁·华盛顿，是弗吉尼亚州威斯特摩兰县威克菲尔德地方的一个大农场主，并曾与人合伙经营过附近的铁矿。华盛顿出生在 1732 年 2 月，当时他父亲给他取的全名是乔治·华盛顿，没有中间名。因此，他就成了美国历史上第一位没有中间名的总统。

华盛顿的童年主要是在父亲的农场里度过的。那个农场占地 260 英亩，四周是茂密的森林和大片未开垦的处女地，往东不远就是拉帕哈诺克河。华盛顿在这样的环境中长大，从小就学会了骑马打猎，养成了英勇刚强的性格和敢于冒险的精神。从童年起，在华盛顿的思想和行动中有两个词是非常重要的，即“细心”和“明确”。据说有一次他推算出一磅红三叶草的种子有 71000 粒。他考虑问题总是很细心，一旦作出决定，就以极大的毅力贯彻到底。这种性格对他以后的事业大有益处。

他的性格使他经营有方，不久就成为当地的巨富，并且，由于他具有天生的领导性格，使他的弗农山庄成了社交中心，弗吉尼亚的权贵经常到弗农山庄聚会。1759 年到 1774 年，华盛顿一直是弗吉尼亚议会的议员，并在 1760 年到 1774 年，兼任弗尔法克斯县的治安法官。

1763 年，英国在 7 年英法战争中获胜，结束了两国 100 多年来争霸北美大陆的斗争。战争结束后，英国国库空虚，统治集团为了转嫁沉重的负担，变本加厉地压榨北美殖民地人民。首先，英国政府颁布了英王敕令，宣布阿巴拉契亚山脉以西的土地为王室私产，限制殖民地人民向那里迁移。这一敕令打击了新到北美的欧洲移民，但受到打击最严重的是弗吉尼亚等地区的种植园主，其中包括华盛顿家族。

1774 年 9 月 5 日，各殖民地代表（佐治亚地区缺席）在费城举行第一届大陆会议。这次会议没有宣布北美殖民地脱离英国而独立，只是作出了与英国断绝一切商业关系的决议，并呼吁各殖民地相互合作。作为弗吉尼亚州代表的华盛顿，身着军服出席大会，以示决心以武力反抗英国的压迫。会后他返回弗吉尼亚州进行志愿部队的训练工作。弗吉尼亚人民希望华盛顿出来担任领导职务，于 1775 年 3 月再次选举他为第二届大陆会议的代表。4 月，英军前往波士顿镇压革命人民，当地人民英勇反抗，在列克星敦打响了美国独立战争的第一枪。

英国统治集团为了扼杀北美殖民地人民的独立运动，从本土派出大批军队。至此美国的独立战争便全面展开。这场战争从 1775 年 4 月到 1781 年 10 月，整整进行了 6 年。在这 6 年中，美国的革命事业有好几次处于危急关头，但是由于华盛顿等人的坚强领导，北美大陆军民坚决战斗，终于取得最后胜利。

华盛顿的性格在战争中发挥了很大作用。他正确地分析了形势，深知英国虽拥有优势的军事和经济力量，但是在异国作战，后方远，战线长，地形不熟，不得民心。他发展了一套尽量保存自己力量的战略，并积极利用英军的弱点，运用灵活的战术来对付英军的速决战。当然，华盛顿在指挥上也有过错误，造成了几次失利，有一次他险些被俘。此外，在独立战争中，他曾反对黑人入伍，后因英军压境，而美国白人兵源不足，才允许黑人参军。尽管如此，他的献身精神、杰出的战略思想、优秀的组织能力和指挥才干，为美国独立战争的胜利作出的杰出贡献，是得到公认的。

在连年的征战中，华盛顿开始意识到自己性格中理智的成分太多了一点，缺少应有的一些激情。而且他也非常明白作为一个军队总司令，亲自率领将士作战，仅有理智和客观的分析能力以及杰出的指挥能力是远远不够的，他应该更多地与将士们融合在一起，才能提高军队的战斗力。因此，他便刻意努力去培养自己的激情与人情，所以当习惯了理智与冷静的司令和士兵们看到华盛顿流出激情之泪时，将士们激动了，他们与华盛顿共同分享祖国独立的激情，这种激情转化成了战场上无比的战斗力和必胜的信心。

华盛顿是一代伟人，但他和常人一样，性格中也有不足的地方。但是，当他意识到了这一点，他就决心改正它。比如，在《独立宣言》传到前线时，他哭了。作为一种非常理智的性格，是很难在众人面前流泪的。但是，华盛顿流泪了，这是激动的泪，激情的泪，这是他努力改善自己性格的结果。而正是他的泪水，激励了无数美国官兵前赴后继，奋勇杀敌。

四、内向思考型性格的人如何优化

内向型思考类型的人稳定、执着，但如果过度就会发展成固执，刚愎自用，不因环境改变而作出改变。所以，这种类型的人容易招致同行的嫉妒和攻击。

在这方面作出表率作用的当推曾国藩。曾国藩的一生可分两段：一段是太平天国起义前，这时曾国藩的性格极其刚愎自用，不可一世；一段是太平天国起义之后，他经历了性格化“刚”为“柔”、刚柔相济的过程，平定太平军，成为中兴名臣，青史留名。

据说，曾国藩平定太平天国后，进京面圣，北京城人头攒动，他们都想一睹这位盖世功臣的风采，许多精通相术之人更是不会错过给这位湘军统帅相面的机会。然而，令北京人失望的是曾国藩竟是一个其貌不扬的糟老头，令相术之人困惑的是曾国藩本应是奸臣短命之相，为何会有这等荣耀的命运？

不管传说是否属实，有一点是可以肯定的，这就是金陵攻克后，朝廷确实对曾国藩有了防范之心，倘若曾国藩没有改变自己的性格，仍按照以前的性格办事，也许他真会像雍正时期的年羹尧一样被杀头。因此，曾国藩的的确确因改变性格而改变了命运。

曾国藩是一位复杂而且具备多元影响的人物。对他褒奖的人把他捧得比天还高，贬斥他的人把他看得一文不值、不足称道。曾国藩一生历尽周折，最终走出湘江大地，成为中兴名臣。他得心应手地驾驭着各种权力，含而不露，随机应变，他成就了最大、最全的自己。他的成功取决于他性格上的刚柔并济。他性格刚中有柔、刚柔并济、变化多端，使他自己成为近代史上有绝对影响的人物。毛泽东称他是："办事而兼传教之人也。"

曾国藩性格中的"刚"在他四次抗旨，以保护湘军的事件上表现了出来。"刚"是曾国藩性格的本色。曾国藩初建湘军时，水陆两军加在一起只有一万余人，这时若和太平天国的百万之师对抗，无异于是以卵击石。因此曾国藩为保护他的起家资本，四次抗朝廷圣旨。不过，在他抗旨中，曾国藩已经开始把"柔"包在"刚"中了。因为他如果直接强硬抗旨，势必引起朝廷的反感和猜忌而对其大加打击。所以曾国藩以"柔"抗旨，不但保住了自己的湘军，而且受到皇帝的嘉赏。

1853 年，曾国藩把聚中乡勇万人的计划告诉了爱将江忠源。江忠源不知深浅，立刻向朝廷全盘奏出，结果船炮未齐就招来咸丰皇帝的一连串征调谕旨。第一次是 1853 年，太平天国西征军进至蕲、黄一带，武汉危急，朝廷接连下令曾国藩率炮船援湖北。第二次是同年 12 月，太平军大将胡以晃进攻庐州，清朝廷令曾国藩督带船炮兵勇速赴安徽救援。第三次是 1854 年 2 月，太平军袭破清军黄州大营，朝廷再次催促曾国藩赴援武汉。曾国藩深知太平军兵多将广，训练有素，绝非一般农民起义队伍可比，没有一支劲旅是不能贸然去碰的。况且与太平军争雄首先是在水上而不在陆地，没有一支得力的炮船和熟练的水勇，是无法与拥有千船百舸的太平军相抗衡的，甚至连兵力调动和粮饷供应都会发生困难。因而，曾国藩打定主意：船要精工良木，坚固耐用；炮要不惜重金，全购洋炮；船炮不齐，绝不出征。他在给朋友的信中说："剑戟不利不可以断割，毛羽不丰不可以高飞。”

其实，朝廷催曾国藩赴援外省，不过因为湖南乡勇可用，令其前去配合绿营作战，以解决兵力不足的困难。这也是过去常有的事，绝非要他充当主力，独立担负与太平军作战的重任。所以当曾国藩在奏折中处处以四省合防为词，声言“事势所在，关系至重，有不能草草一出者”时，咸丰皇帝即以讥讽的口吻在奏折上批道：“看你的奏章，你简直以为自己已承担了数省军务，试问你的才能可承担此任吗？平时矜诩自夸，认为天下人才没有超过你的，但大事当前，如果你言行一致还好，倘若畏首畏尾，岂不让天下人笑话！”可见，咸丰皇帝对曾国藩是很不理解的，在他看来不过是无知书生的好高骛远和自我吹嘘，并非深思熟虑的举动。因而，咸丰皇帝再次催促其“赶紧赴援”，并以严厉的口吻对曾国藩说：“你能自担重任，当然不能与畏缩者比，言既出你口，必须尽如所言，办与朕看。”曾国藩接到谕旨后，仍然拒绝出征。他在奏折中陈述船炮未备、兵勇不齐的情况之后，激昂慷慨：“我知道自己才智浅薄，只有忠心耿耿，万死不辞，但是否能够成功，却毫无把握。皇上责备我，我实在无地自容，但我深知此时出兵，毫无取胜的可能，与其失败犯欺君之罪，不如现在具实陈述，宁可承受畏首畏尾的罪名。”并进一步倾诉说：“我对军事不太娴熟，既不能在家乡服丧守孝，使读书人笑话，又以狂言大话办事，让天下人见笑，我还有何脸面立于天地之间呢！每天深夜，想起这些，痛哭不已。我恳请皇上垂鉴，体怜我进退两难的处境，诫臣以敬慎，不要再责成我出兵。我一定弹尽血诚，断不敢妄自矜诩，也不敢稍有退缩。”

咸丰皇帝看了奏折，深为曾国藩的一片“血诚”所感动，从此不再催其赴援外省。

“刚”是曾国藩性格的本色，如果他一味地刚硬下去，恐怕的确如相术人所言，在攻克金陵之后便会命丧黄泉。

曾国藩通过不断的锤炼逐渐改变了倔强而近于刚愎的性格，从而使他具备了刚柔并济的理想性格特征。

下面，我们来看一下曾国藩的“柔”。

自咸丰兴军以来，团练四起，朝廷权轻，权在督抚，清代早已形成外重内轻的局面，而湘军在当时尤有举足轻重的地位。而当天京攻破以后，曾氏兄弟的威望更是如日中天，达至极盛。曾国藩不但头衔一大堆，且实际上指挥着三十多万人的湘军，还节制着李鸿章麾下的淮军和左宗棠麾下的楚军；除直接统治两江的辖地，即江苏、安徽、江西三省之外，同时浙江、湖南、湖北、福建、广东、广西、四川等省也都在湘军将领控制之下；湘军水师游弋于长江，掌握着整个长江水面。满清王朝的半壁江山掌握在他的手中。他还控制着赣、皖等省的厘金和几个省的协饷。当时湘军将领已有几十人位至督抚，凡曾国藩所举荐的人，或道府、或提镇，朝廷无不授予。这时的曾国藩可谓位及三公、权倾朝野，举手投足山摇地动。在这样的时刻，这样的境地，曾国藩今后的政治走向如何，各方面都在为他猜测、设想、谋划。已经有统治中原两百多年历史经验的清王朝，自然不容高床之下有虎豹鼾睡，只是一时不得不容忍；曾国藩这种性格很容易招致对手的妒忌和攻击，于是，不断有来自权贵的嫉妒怨尤，飞短流长也是意料中的事儿；更有一些忠于曾国藩和一些利禄之徒，极力怂恿曾国藩开创大举，自己称帝。

何去何从，摆在曾国蕃的面前，然而，此时的曾国藩已不是只知刚硬的年轻人了，几十年性格的磨炼和洗涤，曾国藩已将近于刚愎的倔强锤炼成了刚柔并济的理想性格。换句话说，此时的曾国藩已经没有了性格，他已具备了根据不同的情况展示自己不同性格的本领。他深谙历史，他熟知自己“用事太久，兵权过重，利权过广，远者震惊，近者疑虑”。他思前想后，喜惧悲欢，万端焦急，夜不能寐。他在大喜的日子里颇有隐忧。攻陷天京前后，是曾国藩思想上最紧张的时期。他心里很明白，如何处理好同清政府的关系，已成为能否保持其权力地位的关键。而正确认识并摆脱自己目前的这种政治处境，则是他面临的最迫切的问题。

于是，他性格里的百炼钢转化而成绕指柔，从此曾国藩的性格开始了柔韧的旅程。他令攻克金陵的“首功之臣”，统有五万嫡系部队、被清朝廷斥为“骤胜而骄”的老九曾国荃挂冠归里。又裁湘军十二营，同时将赴授江西的江忠源、席宝田两部一万余人和鲍超、周宽世两部两万余人均拨给沈葆桢辖制。这样，曾国荃所部仅剩几千人了。他奏请停解广东、江西、湖南等省的部分厘金至金陵大营，减少自己的权力。这三条措施，正中清朝廷的下怀，使清朝廷骤减尾大不掉之忧，因而立即一一批准。在大喜的日子里，不被胜利冲昏头脑，敏锐地看到了险象，天衣无缝地消除隐忧，这正是曾国藩柔韧性格的体现。从此，曾国藩由刚猛的曾剃头，一变而为温厚宽容的圣相，位列三公，权倾当朝，得到了一个汉族官吏前所未有的名利和权势。

五、外向感情型性格的人如何优化

外向型感情类型性格的人给人以活泼、善于社交的印象。但由于太拘泥于环境，容易优柔寡断、犹豫不决，经常人云亦云，随大流，缺乏主见，给人以可靠的感觉。一提到辛迪·克劳馥，中国的中青年人几乎是无人不晓。作为一代名模，她也曾和许多名模一样，缺乏主见，也几乎和许多名模一样，差点儿沦为有钱人摆弄的花瓶。但她及时意识到了自己的这一弱点，主动调整自己的性格，牢牢将命运掌握在自己手中。

1967 年，辛迪·克劳馥出生在美国伊利诺伊州的一个农村小镇。

她从小生活一个贫寒的家庭里，每天，母亲都在精打细算中度日子，因为，除了基本的生存所需，他们根本没有多余的钱。

童年生活中，除了贫困，她没有与众不同之处。她是美国千千万万个普通家庭的一名小小成员，过着和别人一样的生活。姐妹之间，互相玩耍，也打闹。裙子上的小花边、拾来的小木头人、塑料汽车、一颗糖果，都会成为她们的玩具和快乐的源泉。

小时候，她还下地劳动。她们家有自己的田地，一年两茬收种庄稼。这个时候，她们的劳动都还是手工劳动。她跟随父母下地，拔草、捡玉米粒。后来，上了学以后，每到周末和寒暑假，她也要回家帮母亲料理农活、操持家务。

小时候的田间劳动，使她练就好了身体，身体很棒，很健康。小时候的贫困生活，也使她具有一种奋进的性格，一种拼搏向上的禀赋。以此为财富，她不断进取，为她的成功作出努力。

在学校里她的成绩一直十分优秀，由于成绩特别好，她很骄傲，她的天性中，也有别出心裁的一面。由此，在学校里，她竟然产生了这么一个梦想：想做总统！美国至今还没有女总统。但愿她的愿望实现。当然，现在她却已改变了志愿。

她那时想做总统，一方面是不想像母亲那样，辛苦一辈子，却什么也没有得到，生活依然很贫困。同时，她想让自己与众不同，让自己受众人重视和尊敬。

她想，既然英国有女王，美国就为什么不能有女总统呢？世界上被女人统治的国家很多，美国为什么不能被女人统治呢？既然可以被一个女人统治，这个女人为什么不能是她呢？当时她的逻辑就是这样。

她想自己成为自己命运的主宰，她想自己做自己的主人。这样的理想，使得她形成一种引人注目的性格。这样的性格，是她以后成功的一个重要因素，为她后来一步一步地走向成功的巅峰打下了基础。

那时候，有很长一段时间，她全心全意地投入到政治活动中去。她查阅古今名人传记，揣摩美国历届总统的成功秘诀，设计自己的施政纲领以及公众形象。她关心时事，审视政府的对内对外政策，审视各个不同又互为矛盾的法律，假想着如果让自己来处理这些事情，将会怎么样。而每次假想的结果，都让她兴奋，因为，她发现，自己的一切施政措施，都要比那些政治人物要强。

她不肯放过一切可以展示自己政治才华的机会。她参与学校的各项活动，并想方设法挤进组织的行列，尽心尽力地工作，以获得自己实际工作的经验和众人的赞誉。

但是，她的这个梦想当然没有实现。之所以没有实现，是因为她放弃了那个抱负。而之所以放弃那个抱负，则是因为接下来发生的一连串事件。这一连串的事件，都是不幸的事件。首先一件是她的弟弟得了白血病。这是一种不治之症。后来，她弟弟在10岁那年去世了。这个打击是如此沉重，以至于辛迪不敢相信自己的眼睛，她无论如何不敢相信不久前还活蹦乱跳与自己玩耍嬉戏，缠着自己要这要那的弟弟死了，永远也见不到了。

她沉浸在痛苦中。

接着是家庭裂痕的出现。父亲与母亲两人分开了。父亲离开他们，一个人离家出走了。辛迪又遭受了新的打击；她不能适应这种事实。她把自己关在房子里，让眼泪尽情地流。她恨父亲。

这一连串的事件，使得她变得抑郁起来。她整天愁眉不展，她痛苦，她失落，她每天以泪洗面。时间一长，这种抑郁就成为她的性格的一部分。所以，后来，当她成名的时候，有人还说过："她是一个性格抑郁的人。"

当然，她不是一个性格抑郁的人。

因为，她还有其他的好几个方面。这些方面，都会在以后表现出来。

就在那痛苦的少女时代里，她患了胃疾，经常疼痛难忍，不管是白天还是黑夜，不管是睡着还是醒来，不管是上课还是下课，随时随地，这种疼痛都有可能发生。

当胃痛发作的时候，她就手捂着胃部，头抵着床，身子佝偻着，口里发出痛苦的呻吟。在那样的情况下，她还有什么心情去为做总统而奋斗？她当然放弃了那个宏大的梦想。此后，她默默地学习、劳动。

到了 18 岁，她终于中学毕业了。由于成绩优秀，她转入西北大学学习，因为这所大学为她提供了化学工程专业的奖学金。

大学里的辛迪，是一朵盛开在校园里的鲜艳花朵，走到哪里，哪里就发出一阵惊呼。

那个时候，她已经身材修长、亭亭玉立，再加上漂亮的脸蛋，匀称修长的腿，实在是美极了。当时，人们对她赞不绝口。的确，她的整体的线条已经是那么的流畅，浑然天成；她的鼻子是那么的挺拔，配上深邃的眼睛，性感的嘴唇，以及丰满的乳房，浑圆的臀部，一切就像是天造地设似的。难怪，在同学当中，她是那么的引人注目。

在这期间，有一个摄影师发现了她，拍了她的一些不同侧面的照片，然后挂在他自己的居室墙上。

同时，她的照片刊在《住校女生群芳录》中，她的脸、她的身体、她的名字，第一次出现在刊物上。很快，她被领着去城市里模特经纪公司。但是一开始，她就碰了壁。这家公司竟说她的形象还不够美。她感到伤心。而她更感到伤心的是，那个经纪人认为她的嘴边的那颗痣，必须去掉。如果不去掉，她就没有前途。但她不肯去掉。

成名之后，她回忆起这件事的时候总是说："小时候，我一点儿都不喜欢那颗黑痣，我的姐妹们都嘲笑它，而别的孩子总说我把巧克力留在嘴角了。那颗痣让我觉得和别人不一样。后来，我开始做模特儿，第一家经纪公司要我去掉那颗痣。但母亲对我说，你可以去掉它，但那样会留下疤痕。我听了母亲的话，把它留在脸上。现在，它反而成了我的标志。只有带着它到处走，我才是辛迪·克劳馥。其他人跑来对我说，她们过去讨厌自己脸上的小黑痣，但现在她们却认为那是美丽的。从这个意义上来说，这是件好事，因为人们变得乐于接受属于自己的一切，尽管他们过去并不一定喜欢。人应该爱自己的全部，这样你才会感到自身的魅力。一旦你看上去既美丽又自信，就会发现周围的人对你刮目相看了。"

可是，当时别人还没有对她刮目相看。那么，难道就没有前途了吗？想到这儿，她就皱起了眉。以后，她常常这样皱着眉。这是她性格中抑郁的一面在发挥作用。她终于没有去模特儿公司，而是回到家乡农村。

但很快，转机却又出现了。

一个叫作玛丽·安得森的经纪人，看中了辛迪。她觉得她是如此之美，以至于走到哪里都是一块玉。她相信她会价值连城。于是，她去辛迪的家乡找到她。

辛迪开心极了。可是，她的母亲却不让她做模特。在辛迪的坚持之下，最后，她跟着安得森来到了城市。

当然，开始并不那么顺利。

安得森带着她四处找客户。可是，客户们对她就像审视一个妓女。他们认为她的鼻孔太大，她的痣让人恶心，她的脸部线条不太好，他们甚至问她能不能跟他们上床。

她又差点儿泄气。

安得森则不断地鼓励她，她相信辛迪的这颗痣会显得她与众不同。同时，她邀请来摄影师为她拍摄照片，又请来著名的形体设计师，帮助纠正她的不良形体习惯，再请来化妆师为她化妆。

经过不懈的努力，终于有人肯雇用她了。

这是一家内衣厂。这个厂认为，辛迪的胸部特别适合做乳罩广告。辛迪答应了。合同很快就签下了。结果，刊出她的广告照片的画刊在她的学校里卖得特别火，她的男女同学对她开始产生了既羡慕又妒忌的心理。这当儿，有一个发型表演模特队，在这一带表演，她加入了这个表演队。她在表演队的演出，同样让人叹为观止，艳羡不已。

而这个时候，由于她的模特儿事业，她的功课落下很多。而同时，许多对她垂涎三尺的人，包括经纪人、化妆师、发型师，都想占她的便宜，这使她十分厌恶。可是最后，还是她的理想战胜了她的厌恶。

这样干了半年，她正式加盟安得森的伊丽特模特儿经纪公司。就是说，她正式成为了一个模特。

由于她的天赋性格，以及自觉的努力，很快，她开始走上坡路。

她的照片越来越多地上了杂志的插页、封面，她的名字在越来越多的人口中传播。在这样的情况下，她又发起了新的冲击。

很快，她名声大噪，一夜成名。当然，在这个时候，她也曾皱着眉，也曾暗暗哭泣。因为，从一个农村小镇来的小女孩，一夜间变成受到公众注目的明星，生活的差异太大，她一时间不知怎么承受。

更因为，无休无止的工作，并没有立即给她带来滚滚的财源和响誉世界的名声。由于长期吃工作餐，她的胃病复发了；由于频繁地上妆卸妆，她的皮肤起了反应；同时，她的周围，不时地有人骚扰，这些人包括摄影师、化妆师、杂志主编、模特儿公司经纪人、四处游荡的无赖、目标明确的顾客。不管她高兴还是不高兴，她都得和他们接触。为此，她觉得累。

在这样的情况下，她想到了退出。因为，她又想起了她的大学生活，想起了和同学们在一起的日子；同时，她也想起了她的故乡，想起了妈妈，想起了她的姐妹们。

她告诉自己：还要继续努力。很快，她来到芝加哥，寻求新的发展。就在那里，她结识了有“芝加哥摄影之王”之称的维克多。维克多以其高超的摄影技巧以及丰富的人际关系，让辛迪的名声更上一层楼，她的年薪一下增到了20万美元。然后，在他的引导下，她又于1983年年底，参加了精英模特儿公司举办的最佳模特儿大奖赛。这个大奖赛相当于电影界的奥斯卡金像奖，对模特们来说非常重要。竞赛非常激烈，挑选非常严格，只要入围，就能身价百倍。

就在这场比赛中，辛迪脱颖而出，入围大赛前15名。由此，她开始正式晋身名模行列。

1985年，她参加了一个时装展示会，就在这个展示会上，著名的伊丽特公司再次看中了她。于是，她又成为伊丽特公司的正式模特。

在这样的情况下，她与维克多分了手。自那以后，她长期加盟伊丽特公司。这个公司是美国最大的模特公司之一，其影响之大，可使任何一名它的模特一举成名，甚至名扬四海。在公司的安排下，1988 年 7 月，辛迪登上《花花公子》的封面。这次上封面，把她的事业推向了巅峰。封面上的她，全身裸露，风情万种，震惊世人。

对于拍裸照，她是这么说的："我把自己看成是一个拥有自己产品的公司的总裁，辛迪·克劳馥是每个人的渴望。我没有被利用的感觉，因为我把它看作是一种生意，我觉得到头来我会得到我想得到的东西。"因为这种思想，她敢于拍裸照；因为敢于拍裸照，她的名声与日俱增。因为名气越来越大，她的工作越来越紧张。从早到晚，她忙个不停。她拍摄服装广告、化妆品广告，出席名家设计时装展示会，上各种杂志的封面，为各种盛事剪彩。

由于为《花花公子》提供裸体照片使她成为第一代现代名模之一，许多 MTV 制作公司聘用她为主持人。之后，她又到处拍广告。她的一张亚麻布广告，由于贴在大街上，使得许多开汽车的人心不在焉，交通事故频繁发生。最后，警察只好上街撕掉了广告。同时，百事可乐公司又聘请她作为本公司的代言人，让她出现在许多商业场合上。

再后来，她成了露华浓公司化妆品的专任模特儿。她多次担任商业活动的主角。除了百事可乐的活动，还有其他许多活动，请她担任主持。她的名声越来越大。但她不想就此走下去，她不能走许多模特的老路子。到 1989 年，当她的名声如日中天的时候，她宣布："迄今为止，我认为我作为模特儿的生涯已经到了巅峰。模特界是新人辈出的行业，老面孔容易让人感到腻烦，我不想沦落到那个地步。今后的人生道路还很长，我将在关注模特界的同时，图谋发展其他事业，比如影视业。"

此后，她果然做了电视节目主持人，并开始拍摄电影。

这时候，她和电影明星李察·基尔交了朋友。1990年3月，好莱坞每年一次的盛典，奥斯卡大奖颁奖晚会，当全世界都把目光聚集到这个地方的时候，辛迪·克劳馥出现了。

夹在著名的导演、影星中间，她身着大红凡尔赛礼服，耀眼地袒露着胸背，款款地走在晚会上。她的丰姿把明星们衬得黯淡了，随着事业达到巅峰，她的一举一动，开始成为人们关注的目标。她被冠以许多称号，像“头号女神”“超级名模”“世界之丽”等。

这种现象其实在她身上很多见。

她是世界知名人物，她的形象和声誉，有多少人仰慕，同时，她却又是一个非常平易近人的小女人，她美丽而不矜持，成功而不自满。作为一个世界第一美人，她本来可以恃宠而骄，气势嚣张，可她没有。

她说过：“我不太清楚人们说我是唯一不为美貌所累的女人是什么意思，但我喜欢这种说法。可能是说我从没有把美貌当权杖吧。确实有人帮助过我，但从没有一个男人为我开过道，我的事业基于我的努力，当然还有爸妈给我的天生好条件。”她还说：“仅就时尚来说，人们或许不会认为我最成功，我从来都不是哪一位摄影师镜头下的缪斯。但从全局来讲，我对整个时尚的冲击很强。”

辛迪的成功，与她的多方面性格因素密切相关。而作为一个聪明的女性，辛迪也知道利用自己的性格模糊性，知道如何在不同的场合发挥不同的性格。她说：“做模特儿和做其他职业一样，首先要知道专业对你的要求，而后有备而发。发型师和美容师都恨我，因为我总是准时到场，这是我的行事规范。如果你和丈夫、男友刚吵过架，千万不要把坏情绪带到工作中。我妈妈就从不在银行工作时和丈夫打电话战。但有不少女孩做这样的事，我认为不可原谅，这是成功的障碍。”她还说：“我很幸运，能够把上帝赋予我的一切运用到我的事业中去。也许我的美给我带来成功，但对我来说，美丽最重要的部分来自我的内心，尤其当我慢慢变老时，所以真正的美绝不是人为刻意营造的，这就是为什么小女孩偷着穿妈妈的漂亮衣服时，会令旁人感到滑稽可笑，因为美应该是自然的流露。”

六、内向感情型性格的人如何优化

内向型感情类型性格的人很忧郁，很冷静，身上总有一股难以阻挡的吸引力，但有时表现为胆小怕事，顾忌太多。这种类型性格的人一般很难成就大事业，但如果能加以克服，培养自信，这种人身上倒有一股不可战胜的力量。典型例子就是美国前总统里根。

里根曾经是美国好莱坞的一名演员，不过他的性格使他成为一个二流演员。为此，里根有意去克服自己的弱点，这一改变，帮助里根成为了美国的一位杰出总统。

里根 1911 年 2 月 6 日生于伊利诺伊州西北部的坦皮科镇。小时候他头上留着荷兰式短发，父亲说他像个“胖乎乎的荷兰仔”，从此得了个有趣的小名“荷兰仔”。

里根的父母是截然不同的两个人。父亲约翰·爱德华·里根，是爱尔兰后裔，6 岁时成了孤儿，在亲戚家长大。他是民主党人，信仰天主教，后来放弃了这个信仰，与基督教徒尼莉结婚。尼莉出身于苏格兰与英格兰混血家庭，天性乐观，随和贤惠，治家严谨。丈夫虽工作勤勉，但喜欢酗酒，且放荡不羁，天性悲观。因此，两人总是处于矛盾之中，他俩的关系却没有发生离异危机。母亲爱好文娱演出活动，经常举行独唱音乐会。在母亲的影响下，里根从小就喜欢舞台生活，经常登台演出。里根的性格当时更接近他的母亲。

里根的父亲是位鞋商，家境不富。他在州内数度迁居。里根 9 岁那年，全家迁至离芝加哥市约 90 英里的迪克森镇。这个小镇坐落在素有“西边赫德森河”之称的罗克河畔，景色旖旎。夏天，里根和小伙伴们在河里游泳、钓鱼、划船。冬天，河水结冰，成了天然的滑冰场，他们尽情地在上面滑冰、玩耍。他们还经常扮演成牧童和印第安人在河岸上你追我赶，互相嬉闹，也经常到两岸的山丘上抓青蛙、野兔等小动物。

里根很喜欢这个具有乡土气息的小镇，田园诗般的童年给他留下美好的记忆。然而，即使在当时他也有苦恼。当地存在歧视爱尔兰人的现象，如有些商店竟挂着“狗和爱尔兰人不得入内”的牌子。不仅里根的父亲，就连小小年纪的里根也受到一些人的歧视。由于忍受不了一些人的辱骂，里根有时在学校的运动场上与他们打架。

中学时代的里根性格很有活力，但不是表现在课堂上，而是在课外活动上。他对读书不是很感兴趣，老师布置的作业很少能按时完成。他不得不完成作业，是因为凡要参加学校橄榄球队以及其他课外活动的学生，必须在学业上保持一定的成绩。他是学校橄榄球队队员，还参加游泳、表演、马戏等活动。此外，他还制作、收藏各种鸟类、昆虫标本，饲养小动物。中学时代的里根对课堂以外的许多活动都有极大的兴趣。为了节省家庭开支，14 岁那年他开始到附近一家建筑公司打零工。后又利用暑假到水上公园当水上救生员，把挣来的钱积攒起来，准备将来上大学用。

1928 年里根毕业于迪克森高级中学，同年秋天进入伊利诺伊州尤里卡学院，主修经济学与社会学。尤里卡学校院规模不大，历史悠久，属保守的教会学校。里根进入该校后随即碰上学校闹学潮。师生起来反对保守的校规，与校方发生多起冲突。校方乘机压缩经费，裁减教师，合并或停办某些系。里根与师生一起反对学校领导，举行罢课。他口才好，很快被选为学生会的新生代表，起草请愿书，并递交学校董事会。学生罢课的结果是迫使院长辞职，里根在这次学潮中大出风头。

上大学期间，里根一直是学院橄榄球队队员，还是篮球啦啦队队长、游泳选手、辩论会会员、戏剧俱乐部成员，还一连 3 年当选为后援俱乐部主席、学生会主席、院刊的主持人。几年的大学生活，他不但练就了强壮的体魄，而且在演讲、表演方面发展了自己的才能。他曾在西北大学一年一度的独幕话剧比赛中获得个人最佳表演奖，这意想不到的荣誉是他后来走上演艺生涯的动力。

里根上大学时赶上美国经济大萧条，父亲经营的鞋店倒闭。他在上大学前打零工攒下的钱以及上大学后由于体育成绩突出得的部分奖学金已不足以支付上大学的费用。他只好重新找门路。经朋友介绍，他住进学院的大学生联谊会宿舍。每天帮助那里的餐厅洗餐具、端饭菜，因此他在餐厅吃饭不必交钱。同时他还在学院游泳队担任教练，充当游泳池救生员，甚至在女生宿舍的厨房打杂。每逢星期六只要没有橄榄球赛，他就到厨房和炊事员一起打扫卫生。在学校放暑假期间，他到罗克河畔的洛厄公园当救生员，从每天清早一直干到夜里游泳池关门。他先后充当过 7 个假期的救生员，一共救起 77 人。他通过劳动挣到的钱不仅能支付自己上学的费用，而且还资助他哥哥上大学。1932 年夏，里根毕业于尤里卡学院，获文学学士学位。

1932 年，整个资本主义世界已陷入经济危机的深渊，美国所受的打击尤为严重，刚走出校门的里根想找份工作真是难上加难。当时他很想进入戏剧和电影界但又苦于没有门路，只好暂时在洛厄尔公园当水上救生员，挣些路费，再到别处找工作。

挣到一些钱后，他先到芝加哥一些大电台求职，都没有成功。后来他父亲建议他到附近的一些小电台碰碰运气。真幸运，依阿华州达文波特市的 WOC 电台要招聘一名播音员。由于里根在大学读书期间当过体育播音员，很快被录用，月薪 100 美元。在此工作一段时间后，他被调往梅得因市的 WHO 电台（属全国广播公司网的一个电台），除播音外，还进行采访和报纸撰稿。由于他的音色雄浑而宏亮，并善于在麦克风前绘声绘色地转播比赛实况，很快就成为中西部有名的体育新闻广播员。4 年的电台广播工作，使里根的口才得到进一步的锻炼和提高。为他后来成为演员和政治家提供了一些重要的有利条件。

1937年春，一个电影制片公司因拍片需要来请WHO电台的乡村乐队帮忙，使里根有机会与电影公司接触，并使他重新萌发当演员的愿望。不久，芝加哥幼虎俱乐部的棒球队在南加州进行春季训练，里根随同采访。在洛杉矶经熟人乔伊·霍奇斯介绍，里根应华纳电影公司之邀，试拍影片成功，被录用，周薪200美元。里根多年的愿望终于实现了，从此登上了好莱坞影坛。随后他的父母和哥哥也移居洛杉矶，加州成了他的第二故乡。

里根从影近30年，拍过50多部影片，题材广泛，内容包罗万象，有文艺、戏剧、侦探以及打斗片等。这些影片从质量上讲多属“B”级，在不少情况下，他仍旧是个配角。因此，影界大多数人认为里根是“二流明星”。好在他也拍过几部艺术水平较高的电影，最受观众好评的是他在1941年拍的《金石盟》，他在这部影片中扮演一个名叫麦考休的年轻运动员，与一位医生的女儿热恋。但这位医生不喜欢麦考休的放荡不羁、无所事事的作风，因而不同意两人的婚事。麦考休在一次事故中受伤，医生在做手术时竟把这个运动员的双腿锯掉。麦考休手术后醒来惊呼：“我的其余部分在哪里?”这句悲惨的台词感人肺腑，催人泪下。里根的精湛演技获得了巨大成功，名噪一时。后来这句有名的台词就成为里根写的一本自传的标题。这部影片的成功使他在华纳电影公司的薪水增加了三倍。

1941年12月，珍珠港事件爆发。翌年4月，里根应征入伍，被分配到陆军航空部电影队工作。1945年12月退役时为上尉军衔。里根返回好莱坞后不久，开始了他的政治活动。1947年至1953年，里根连任6届好莱坞电影演员工会主席。

1949年以后，华纳公司经费困难，裁减了部分高薪演员。里根通过经纪人的周旋与公司签订了新的合同，3年内每年为公司拍一部片子，但由于不容易找到合适的剧本和愿意合作的演员，几乎处于失业状态。为了生活，他有时到电视台和夜总会去表演。后来通用电气公司要招聘电视节目主持人，推销其产品。1954 年里根应聘任该公司电视节目主持人兼“人事关系计划”的发言人，并代表资方巡回旅行全国，调解劳资关系。这一时期对里根的思想转变和政治观点的形成和系统化起了关键性作用，也为他日后直接从事政治活动打下了基础。8 年内，里根结识了许多资本家。他们向里根灌输符合大企业利益的“自由企业制度”以及减税、紧缩政府开支等自由派政治主张。日复一日，他逐步消化吸收并形成他自己的一套保守主义政治观点，认为他应“讨好商业界，抨击大政府”。

1948 年大选时，里根仍投民主党总统候选人杜鲁门的票，到了 1952 年，则转而支持共和党的艾森豪威尔。1960 年，里根支持尼克松竞选参议员。1962 年，里根正式脱离民主党加入共和党，在组织上与民主党决裂。他的性格也随之变得更保守、稳重起来。一方面，里根把以前当演员和做主持人所具有的情绪化与人情味十足的性格特点逐渐弱化，使自己变得更加稳重起来以符合政治家形象的需要；另一方面，他又保留了以前的演讲天才与幽默天才方面的特点，这为他在以后的政治竞选活动和其后的政治生涯起了极其重要的作用。

1965 年，里根的支持者、加州 41 名富翁成立了“里根之友”协会，筹组支持里根竞选州长的顾问班子，对里根进行精心的指导和训练，为 1966 年的州长竞选做准备。

1966 年 1 月 4 日，里根宣布参加竞选加州州长，开始了他的政治生涯。当时正值美国深深地陷入越南战争之际，国内通货膨胀，联邦和加利福尼亚州政府的税收日益加重，学生反战运动兴起，黑人反种族歧视斗争不断发展，加州形势处于动荡之中。原州长布朗支持约翰逊总统的内外政策，几年来又把加州的经济搞得很糟，声望下降。这些都为里根提供了击败布朗的机会。然而，布朗却错误地估计了形势，根本未把里根这个“二流戏子”放在眼里，骄矜自恃。

里根的竞选班子经过精心策划，采取不少竞选策略，如针对里根缺乏政府工作经验，和一般选民对职业政治家的反感，把里根描绘成“平民政治家”的形象，针对里根缺乏个人的政治形象，为他提出一个有号召力的口号：“富有创造性的社会。”以表明里根相信自由企业制度的生产能力，同时注意避免过激的言辞，给人比较温和的形象，以利于争取一些偏向自由派的保守人士。这些竞选策略获得了巨大成功。1966 年 11 月初，里根以 300 多万选票取得胜利，比政坛老手布朗多得近 100 万张选票。其中，里根稳重、保守的性格在当时的经济与政治背景下起到了很大的作用。

加州气候宜人，资源丰富，经济发达，素有“太阳州”“黄金州”之称。战后 30 年间，加州工业，特别是与国防和尖端武器密切相关的电子、宇宙、航空、导弹、造船和电气等工业蓬勃发展，如今已是美国物产最丰富、人口最多的一个州。加州经济实力雄厚，对美国政治经济有重要影响。里根刻苦经营加州 8 年，消灭了加州的财政赤字，促使经济进一步发展，为全国瞩目。作为加州州长的里根，声望随之提高，成为“全国性人物”，为后来竞选总统打下了基础。

里根对 1980 年的总统大选早有准备。1976 年大选结束后不久，里根对他的助选人员说：“竞选是一场战争，能打多久就打多久。”卡特就任总统以后，里根就对参加下一次总统大选进行积极周密的准备。一方面言行谨慎，少出差错，避免过激的语言和过激的行为，尽量在共和党内保持领袖人物的形象，加强自己的竞争地位；另一方面兵分两路，既抓竞选经费，又抓竞选班子。

1979 年圣诞节刚过，预选活动就在依阿华州拉开序幕。里根竞选班子负责人约翰·西尔斯认为，里根资格老，声望高，口才好，又善于在电视上演说，不必像一般候选人那样四处奔走，争取选民投票。结果里根在依阿华州的总统预选中败于布什。里根感到震惊，立即决定改变西尔斯的竞选策略，争取在有影响的新罕布尔什州的预选中取胜。他遍访该州的乡村和城镇，开展竞选活动，并获得胜利。后来由于西尔斯等人在竞选班子内闹不团结，里根将他们辞退，让威廉·凯西任竞选班子负责人。此后，里根在预选中一路领先。康纳利和贝克估计自己获胜希望不大，中途退出竞选。持自由派观点的安德森在党内受到保守派的排斥，宣布不受党派立场的约束，以独立候选人的身份参加竞选。结果里根在党内竞选提名的对手只剩下布什一人。后来，布什见竞选形势对自己不利，宣布退出竞选，表示愿意支持里根。在7月中旬的共和党全国代表大会上，里根被提名为总统候选人。里根挑选与东部财团关系密切的布什作为竞选伙伴，以争取东部地区的选票。同时，里根想以布什之长补己之短。布什比较年轻，具有丰富的政府和外交工作经验，具有温和派的政治形象。布什的这些特点对里根竞选总统有很大的好处。

1980年，两党总统候选人的争夺战在里根与卡特之间展开。里根集中力量攻击卡特的经济政策，指出卡特执政期间国内通货膨胀严重，失业增加，税收急剧上升，财政预算无法平衡。此外，里根还批评卡特在伊朗扣留美国人质问题上处置不当。这些都是影响选民投票态度的关键性问题。同时里根主张加强美国的实力地位，“恢复美国精神”。在里根的猛烈攻击下，卡特节节败退。

1980年11月14日大选揭晓，里根以压倒性优势获胜，获得了489张选举人票，而卡特仅得49票。里根的胜利反映了自由派的失势和保守派力量的上升，标志着20世纪30年代以来在美国政治中占统治地位的“新政”自由主义让位于保守势力。选民的政治情绪较前有了很大的变化，他们对卡特政府无法对付国内经济危机和美国国际地位下降感到不满。里根最终以“政治改革家”的姿态登上总统宝座。

里根从影近30年，从政18年，在这漫长的过程中里根刻意克服自己胆小的弱点，弱化自己年轻时容易激动的特点，并将自己机智敏锐，能言善变的富有煽动性的语言能力大力加强，形成了复杂的性格和特殊的作风。

七、外向感觉型性格的人如何优化

外向型感觉类型性格的人活泼，喜欢热闹，是典型的乐观主义者，他们比较注重现实，所以有时并不追求理想。而且，这种人如果过于拘泥于现实，会给人造成虚荣、轻浮的印象。但是，如果他们能借助于隐藏于自己身上的优良个性，他们可以表现出完全不同于自己这种类型的，反而会养成一种不断开拓、不断进取的性格，并成为某个领域首屈一指的人物。皮尔·卡丹就是这样的一个人。

皮尔·卡丹帝国的创建者皮尔·卡丹克服自己年轻时所具有的轻率、武断，渐渐培养自己开拓进取的精神，对自己的性格不断进行修饰、改善，不断地扬弃自我、超越自我，开拓出自己一片天下，终成服装帝国一代君王。

在今天，皮尔·卡丹的名字可谓响遍了世界各个角落。“皮尔·卡丹”是名牌、是品牌、是身份、是地位、是服装，也是一个庞大的“帝国”。这个“帝国”由服装、餐饮、家具等企业集团构成，触角早已伸向世界各地。这个“帝国”的主人是至今尚未结婚、年逾古稀的皮尔·卡丹。这个“帝国”机构齐全，拥有自己的银行、码头、工厂，涉及人类社会生活的各个领域，早已实现产、供、销一条龙。今天，全世界有100多个国家生产卡丹产品，至少在185年国家设有5000多家皮尔·卡丹专销店，全世界大约有18万人为这个“帝国”工作。有人曾作过这样的计算：假如把所有的“卡丹”牌领带连接起来，其总长度绕地球一圈还有余。

今天的皮尔·卡丹不仅是服装业的巨头，而且还是餐饮业巨头。他曾经自信地宣称：“我将把法兰西文明的两大行业——服装与饮食，完全操在自己手中。”皮尔·卡丹没有虚夸海口，他名下的“马克西姆”餐厅和皮尔·卡丹时装一样遍及世界各地，一样名扬天下。这个“帝国”拥有几百亿法郎的资产，皮尔·卡丹本人则是欧洲第九大富豪。世界上许多国家的政界名流（如英国前首相撒切尔夫人、美国已故总统夫人杰奎琳等）和商贾巨富都穿着皮尔·卡丹为他们设计制作的服装。有人说，法国共有4个名字在全世界最响亮：埃菲尔铁塔、戴高乐、皮尔·卡丹和“马克西姆”餐厅。而这4个最响亮的名字当中，竟然有两个与皮尔·卡丹联系在一起。

皮尔·卡丹无疑是当今世界上最著名的经营大师之一。有人称他是一位设计天才、经营天才。他有自己一整套成功的经营经验和经营理念。和任何一位商界的成功者一样，皮尔·卡丹的成就是由多方面因素促成的，如企业家的素质、机遇的把握、经营者的天赋等。皮尔·卡丹的成功有许多经验值得我们总结，但他从不安于现状、不断开拓进取的性格，却是最值得我们认真探讨的问题。而皮尔·卡丹这种性格是如何培养起来的呢？毕竟，皮尔·卡丹年轻时并不是这样一个人。

皮尔·卡丹不断开拓进取的性格，促使他的事业始终保持着如日中天的势头。不断进取，不断开拓新的事业，成就了皮尔·卡丹。了解他必须了解他的这种性格。他的这种性格在他的经营实践中突出地表现为他的创造性。众所周知，皮尔·卡丹无论今天拥有何种规模的商业“帝国”，他都是从服装开始起步。

皮尔·卡丹出生在意大利，从小没有受过多少正规教育，他是随父母“逃荒”来到法国的。18岁时，身无分文的皮尔·卡丹来到巴黎闯天下。学无所长的皮尔·卡丹，到一家服装店当了一名学徒。从此，皮尔·卡丹与服装结下了不解之缘，并由此改变了他的人生轨迹。皮尔·卡丹虚心好学，尤其在服装上具有特殊的天赋。可以说是一个天生的服装设计天才。他很快便掌握了服装的设计技巧，在具有“世界时装之都”之称的巴黎的服装界有了一点儿名气，一些达官贵人、太太小姐知道了这个名不见经传的年轻人，都愿意请他设计加工。不仅皮尔·卡丹自己出了名，他所在的小店也因此生意红火起来。

皮尔·卡丹知道自己没有受到过正规教育的弱点，他一方面努力工作，另一方面抓紧时间学习。他接触到了一些著名作家、艺术家的美学思想，使他大开眼界。他对服装有了新的认识和理解。他站在新的起点上，使自己设计的服装更加“高尚、大方、优雅”。知识武装了皮尔·卡丹的头脑，他那迫切的求知欲，使他如饥似渴地接受新知识，努力提高自己的文化修养和艺术修养。所有这一切，都为他日后事业的腾飞奠定了坚实的基础。

1950 年以前，皮尔·卡丹先后在巴黎两家有名的服装店工作，把自己学到的知识用于实践。他的悟性以及在服装上的天赋，在这两家有名的服装店得到了充分的体现。穿着上非常讲究和挑剔的巴黎人逐步接受了皮尔·卡丹，他的名气一天天大起来。尤其是在著名的服装店工作，接触的人和物、接触的思想与普通的服装店截然不同，使皮尔·卡丹受益匪浅。

这一时期的皮尔·卡丹仍然是为他人打工，受雇于别人。当他的设计技术和思想逐步走向成熟的时候，他以一个年轻人的勇敢和魄力，决定自己闯天下，自己干一番事业。

1950 年，28 岁的皮尔·卡丹创建了自己的服装公司，这便是日后他的庞大的商业“帝国”的雏形。当皮尔·卡丹只身一人闯进巴黎服装界时，即使他已经有了比较大的名气，面临的困难也是相当多的。首先是来自竞争的压力。当时的巴黎服装店、服装公司比较多，不过真正称得上高级时装公司的只有三十几家，皮尔·卡丹的小公司不仅名不见经传，而且也没有雄厚的资金实力。

任何一种事业的成功都离不开创新性与创造性。创新性、创造性不断为事业的发展注入活力。尤其服装界是一个充满挑战性的领域，几乎每时每刻都在发生变化，如果没有创新性和创造性，不仅难以生存发展，而且很快将被淘汰出局。皮尔·卡丹在创业初期的经历很能说明这一点。他的创造性和他那天才的商业目光，逐步使他站稳了脚跟。

皮尔·卡丹在自己的事业初见端倪时，便“违反”常规，为自己选择了一个全新的定位。当时，各大服装公司，特别是那些高级时装公司，都把目光集中在人群中属于少数人的达官贵族、名门显宦、富豪巨商及其太太、小姐们身上，所谓高级时装公司，主要服务于这些人。皮尔·卡丹没有同高级时装公司在富人身上展开竞争。他认为，即使是高级时装或服装，也应为普通群众服务，在普通人中开辟市场。尤其是第二次世界大战结束以后，法国的妇女纷纷走出家门，她们就业机会的增多意味着购买力的增强。皮尔·卡丹另辟蹊径，不重复前人的老套路，经营策略主要是面向更多的普通消费者，计划在普通消费者身上打开市场。

于是，皮尔·卡丹破天荒在法国提出了“时装大众化”的响亮口号。与这种创新精神相适应，皮尔·卡丹在经营上也采取了别人不曾采取过的营销方略。比如，当时的一些拥有名牌商标的商人，为了防止自己的名牌“砸锅”，严格、谨慎地使用自己的商标。而皮尔·卡丹则反其道而行之，他出售、转让自己的商标和品牌，从中获取利润。这种营销方式，一方面扩大了皮尔·卡丹及其产品的知名度，另一方面也给他带来了丰厚的利润。

在皮尔·卡丹的事业稳步向前发展过程中，他从一开始就没有墨守成规，按已经形成的规矩办事，总是在谋求新的道路，新的经营理念，始终以创新迎接市场的挑战。从 1953 年开始，皮尔·卡丹根据女性对时装的需求，在“时装大众化”的经销口号下，皮尔·卡丹专门为女性设计生产了一系列风格高雅、质料价格适中的女式成衣，受到了占人口绝大多数的社会中下层女性的欢迎。他的这种营销策略再一次为他赢得了更大的市场和声誉，一时间他的产品供不应求。

皮尔·卡丹将高级时装平民化的做法在法国社会引起了各种议论。多少年来，服装是身份的标志，是地位和等级的象征，尤其是那些贵夫人、小姐、太太，只希望时装成为她们孤芳自赏的奢侈品，不希望成为更多的社会中下层女性的日用品。此外，那些一直甘愿为所谓上层社会女士服务的服装设计师也对皮尔·卡丹的做法非常反感，认为他是离经叛道，甚至认为他的举动有伤风化。巴黎服装业的保护组织竟因为这件事，把皮尔·卡丹开除出这个组织。当然，这种“惩罚”多少给皮尔·卡丹带来了一定的损失，但这仅仅是他前进道路上的一个小小的波折。他的进取与开拓性格非但没有受到损伤，反而使他进一步思考，准备进军更加新颖的领域。大多数成功者具备这种性格，只不过在皮尔·卡丹身上表现得更为明显而已。

皮尔·卡丹不仅“不思悔改”，而且在“离经叛道”的道路上越走越远。他因女式成衣大众化惹了麻烦，但这件事也给了他很大的启发。他在女式服装领域制造了前所未有的风波，在这场风波尚未平息的时候，他把目光转向了男式服装领域。应当说，这一举措比他在女装领域的举动更大胆，更具有开创性。因为法国的传统一直认为，服装是女人的领地。传统的观念一直是，服装是女人体现价值、体现美丽和魅力、取悦于男人、供男人欣赏的“外包装”。男人也有自己的服装，但不能和女装同日而语，更不能和女装等价齐观。在服装王国里，“半边天”的概念似乎是不存在的。这虽然不是戒条，但也很少有人愿意涉足男装领域。正因如此，涉足男装领域要冒天下之大不韪的风险，同时，也从一个侧面说明，这也是一个前景广阔的领域。皮尔·卡丹生性不怕冒险，勇于开拓，不把各种陈规陋习放在眼里，原本设计女装的皮尔·卡丹推出了与女装一同争奇斗艳、同样丰富多彩的男式服装系列。

皮尔·卡丹又一次在法国时装界制造了前所未有的轰动效应。在那些曾经是女装一统天下的服装橱窗里，男式服装争得了重要的一席之地，而且“地盘”越来越大。男性服装的风潮迅速在法国、欧洲蔓延开来。皮尔·卡丹并不满足现状，他不断思考新的问题，创造新的商机，也在不断地挑战现实和传统，挑战自我。

皮尔·卡丹的发家史、奋斗史实际上也是他不断开拓新的领域，不断进取、不断创新的历史。有评论说，皮尔·卡丹对法国时装的巨大贡献在于，他把法国时装从刻意的华贵和珠光宝气的沉重束缚下解脱出来，使时装走向大众化。

继女装、男装走向大众化之后，皮尔·卡丹又为广大儿童设计生产了颇具童趣的儿童服装。在不断创新过程中，皮尔·卡丹逐步形成了自己的服装风格，即色彩明快，线条简洁，具有强烈的雕塑感。

1961 年，皮尔·卡丹首次推出了“流行装”，再次轰动了时装界。皮尔·卡丹不断开拓，从未停滞不前，他的事业规模在他的开拓下一天天扩大。皮尔·卡丹的生意越做越大，伴随不断的新的轰动，他开始进入原本不属于他的“领地”，产品的花样也越来越多：帽子、围巾、领带、提包、鞋、手表、钢笔、餐具、打火机、化妆品、家具……几乎是应有尽有。属于皮尔·卡丹的“卡丹商业帝国”名副其实地建立起来了。

皮尔·卡丹在事业发展过程中，始终面临双重挑战：服装设计和生产的不断创新与不断开拓市场。没有市场和所占有的市场份额，他的事业发达就无从谈起。他是服装大师，也是经营大师。如同他的服装一样，他对市场的占领，也常常是出人意料的。他的经营方略，和他的服装一样具有开拓和进取的意义。他在把目光对准各国市场时，也从各个方面体现了他那天生的性格。应当说，皮尔·卡丹所占领的市场具有世界意义，而他对中国市场的开拓，不仅是他的先见之明，更能够说明这位大师的性格。

早在 1978 年，皮尔·卡丹就已经谋划打开了中国这个广阔的市场。但当时的中国刚刚结束“文化大革命”，百废待兴，改革开放还未进行。皮尔·卡丹决定到冰封大地刚刚解冻的中国来开拓市场，其拓荒者的勇气和胆识确实是非凡。当时，他的朋友对他好言相劝，说中国没有时装，是文化沙漠，中国不会掏一分钱买他的服装。的确，当时中国服装不仅单调，而且基本没有什么样式可言，生活水平也很低。可谓只有服装，而没有时装。但皮尔·卡丹坚信中国这个大市场有潜力，认为这个市场是有光明前景的。

1979年春天，皮尔·卡丹以大师的气魄和胆略，在北京、上海举办了时装展示会。他不仅带来了令封闭多年的中国人眼花缭乱的各色服装，而且还带来了一支服装模特队。这支由8名法国女郎和4名日本女模特组成的模特队，给中国的大众留下了深刻的印象。因为这不仅是“文化大革命”后中国大陆第一支模特队，也是新中国成立后第一支登台演出的服装模特队。当今天的中国人可以在各地观看服装模特演出时，不知是否知道，这个先河是皮尔·卡丹先生在中国开创的。

鉴于中国当时的实际情况，皮尔·卡丹带来的模特队还不能公开演出，只能搞“内部观摩”。由于国门尚未真正打开，人们的思想观念还无法对这种新生事物加以全面理解，因此演出过程中出现了一段小小的插曲。一位中国官员在演出后台的更衣室发现，这些模特不分男女，每个人只穿一件小小的三角裤头，出出进进，毫无顾忌。这位官员根据中国当时的国情，站在中国传统观念的立场上，认为这种场面不合体统，有伤大雅，便“好心”地让人在更衣室内拉上了一块布，将更衣室一分为二。皮尔·卡丹得知后，对这位官员解释说：“我们的男女模特一直是在一个房间里换衣服，没有什么不方便。作为一个服装设计师，要像外科医生一样，了解我的模特的体形。对不起，请把那块布拿掉，这是工作。”这件事在今天看来有些好笑，当然也不会再发生，可是在当时，却必然发生。

皮尔·卡丹此次中国之行很难说收到了多么大的商业成效，但作为第一个在新中国举办时装展示会、第一个在中国举行时装模特演出的世界级的时装设计大师，他的胆识无疑为他赢得了广泛的敬佩，他所产生的影响是无人比拟的。这就是皮尔·卡丹，唯有皮尔·卡丹才敢于这样做。

纵观皮尔·卡丹的奋斗历程，我们不难发现，他不靠命运，靠进取；不靠偶然，靠争取。也正是在这样的前提下，皮尔·卡丹走向成功，走向辉煌。

皮尔·卡丹有不断进取开拓的性格，正是这种性格驱使他进入新的领域，创造新的辉煌。但需要我们注意的是，皮尔·卡丹每一次大胆的行动都是建立在他的智慧、精明、魄力、韬略基础之上的。他不安分守己，否则不是他的性格，从不做无谓的冒险，每一次重大的抉择，都是他经过深思熟虑做出的，他从不打无把握之仗。

皮尔·卡丹深谙经营之道，在他事业的鼎盛期买下了“马克西姆”餐厅，是因为他已经看到了该餐厅的弊端与不足所在。法兰西民族向来以讲究吃穿而闻名。而闻名遐迩的“马克西姆”餐厅则以自己的豪华与贵族气派赢得了声誉。可是，随着时间的推移，人们生活节奏加快，人们没有更多的时间，花费太多的精力，在一家高档的餐厅，悠闲自在地品尝一顿颇有贵族情调的法国大餐。况且，这家餐厅价格昂贵，根本不是饮食的最大消费群体——平民百姓光顾的地方。“马克西姆”逐步成为和者甚寡的阳春白雪，“门前冷落车马稀”，昔日的尊贵在今天彻底失去了意义。失去众多工薪族、社会中下层食客的“马克西姆”餐厅，自然失去了应有的市场份额，陷入举步维艰的境地。

从时装设计、生产、经营获得经验和启迪的皮尔·卡丹，采取了与经营服装几乎毫无二致的策略：卸去捆在餐厅身上的沉重的贵族枷锁，变阳春白雪为下里巴人。和他经营服装一样，让餐厅“放下架子”，走下“圣坛”，成为所有的平民大众都有能力光顾的场所。已经归属皮尔·卡丹名下的“马克西姆”餐厅没有更名换姓，但其服务、饭菜口味、价格体系等，却发生了脱胎换骨式的变化。餐厅的局面大为改观，冷冷清清的店面变得红火起来。

皮尔·卡丹懂得消费者的消费心理，因此他在接管“马克西姆”餐厅后既向大众化转向，又在提高服务质量上下功夫，通过服务赢得消费者。比如，在所有的以“马克西姆”冠名的餐厅里，都摆放着一些类似打火机、香烟盒、小饰物等印有“马克西姆”标志的小礼品，分别赠送给不同身份和爱好的消费者，不仅体现了一种温馨，而且在消费者的不知不觉中，为餐厅作了广告宣传。皮尔·卡丹在竞争激烈的餐饮业中争得了不容别人小觑的地位，逐步成为他商业“帝国”的一大支柱。

皮尔·卡丹有进取开拓的性格，也有接受新生事物的思想意识。在接收“马克西姆”餐厅时，他已年过6旬，但他并不保守，这也正是他的事业始终保持蒸蒸日上的重要原因。他从美国快餐连锁经营中得到启发，陆续把他的“马克西姆”餐厅推向世界各地。皮尔·卡丹并没有忘记中国这个大市场。1983年，皮尔·卡丹把他的“马克西姆”餐厅开设到了中国，远比美国的“麦当劳”“肯德基”进入中国的时间早得多。

在今天的世界上，皮尔·卡丹的商业“帝国”名不虚传。他可以自豪地告诉世人，他可以用自己的床睡觉，坐自己的椅子办公，在自己的餐厅里用餐，穿自己的服装和鞋子……总之，他似乎拥有了与人们日常生活密切相关的一切。

皮尔·卡丹说过：“为了工作而活着。”“生活就是工作”是皮尔·卡丹的处世格言。同许多成功者一样，少年时代的苦难经历对皮尔·卡丹性格的形成产生了决定性的影响。他自幼饱受贫困生活的磨难，小时候留给他最深刻的影响是，每一块面包都来之不易。生活的艰难与不幸在皮尔·卡丹幼小的心灵里，播下了坚强不屈、自强不息、努力上进、不断进取的种子，并形成了他那特有的性格。他一直在努力工作，从不讲究享受和奢侈，生活的简朴程度是人们所想象不到的。如今，皮尔·卡丹年事已高，但仍然勤奋工作。有人对这位亿万富翁表示不理解，拥有十几亿美元的资产，如此年纪，还在拼命工作，为的是什么呢？每逢这时，皮尔·卡丹只是淡淡地一笑，依旧全身心地投入到他的事业和工作中。皮尔·卡丹永远不会满足现状，如果满足的话，那他就不是现在的皮尔·卡丹了。

八、内向感觉型性格的人如何优化

内向型感觉类型的人是主观表现欲极强的人，经常让旁人难以理解和莫名其妙，而且他们容易脱离现实，甚至经常压抑自己。但他们有一个最大优点，那就是永不言败。

一代摇滚大王迈克尔·杰克逊天性敏感、柔弱，但早年的舞台生活使他的性格有了一定改善，最终成为一代巨星。然而，正是这种改善不彻底，他又陷入了一种不可言传的困惑之中……

一头飘逸卷曲的长发、一张白皙俊俏的脸、高耸的鼻梁、薄而性感的嘴唇、一双妩媚得摄人心魄的眼睛、修长的身材、穿透力极强的歌喉、鬼魅般的舞姿、色彩单纯而又艳丽的服饰、男女不分、人鬼莫辨、犹如梦幻般的在舞台上狂歌劲舞……

这就是迈克尔·杰克逊。

一个20世纪的奇迹，一个令全世界无数歌迷说不清道不明的永恒主题。

有人狂热地崇拜他，将他奉为主子，奉为神灵，赞誉他为舞台之魂；有人极端地厌恶他，将他贬为音乐垃圾，贬为不男不女的人，嘲笑他为舞台上的小丑。仁者见仁，智者见智，众说纷纭，莫衷一是。

几乎所有关于迈克尔·杰克逊的说法都极端得令人难以置信，仿佛他要么是上帝，要么是魔鬼，舍此无他。这一切，奇妙地和迈克尔·杰克逊的歌声、舞姿相对应：在舞台上，难道他不是一个上帝，不是一个魔鬼吗?!

为什么对一个人的看法会出现如此纷乱复杂的局面？

全世界成功的流行歌星不计其数，一代又一代，花开又花落，唯独迈克尔·杰克逊独领风骚20多年，依然星光四射，其魅力与巨大的影响力无人可与之比肩，他的存在已经成了一个独特的文化现象。

他的魅力究竟在哪儿？难道仅仅是因为他的歌声和舞姿吗？是，又不全是。作为一个流行歌星，迈克尔·杰克逊无疑已经取得了辉煌的成功。他的歌声响遍全世界。

而作为一个人，他却是令人琢磨不透的，仿佛裹在一层烟雾缭绕的薄纱之中，如梦如影，似幻似真，如同一个不食人间烟火的幽灵，令人眼花缭乱地在舞台上歌唱、舞蹈，散发出一种带着邪恶的奇异之美……

也许，正是这一点，更增加了他无穷的魅力，也激起了更多的诅咒和厌恶。迈克尔·杰克逊的的确确是一个谜。那么，他究竟是一个什么样的人呢？我们不妨从性格的角度去探究一下这个人，也许能够找出一个不过于冲动的谜底，哪怕这个谜底仅仅是一厢情愿的。

迈克尔·杰克逊出生于一个贫穷的黑人家庭，兄弟姐妹共9人，他排行第七，虽然迈克尔·杰克逊一家生活在黑人贫民窟，但这个家庭却是个艺术之家。

迈克尔·杰克逊的父母及兄弟姐妹和许多黑人一样，都是能歌善舞的人。这个家庭虽然很贫穷，但却常常充满音乐和歌声。这一点对迈克尔·杰克逊今后的人生道路起到了至关重要的影响。

在他5岁那年，杰克逊一家兄弟5人成立了“杰克逊五兄弟”演唱组，小迈克尔·杰克逊平生第一次登台演出。由此，开始了迈克尔·杰克逊一直贯穿至今的舞台生涯。迈克尔·杰克逊从小就是个内向文静的男孩，虽然有着极高的音乐及舞蹈天赋，却天性敏感、柔弱，几乎像个腼腆害羞的女孩子。

拥有这种天性的人如果让他静静地在一个不为人所瞩目的角落里静静地成长，也许会更合适。但迈克尔·杰克逊却过早地涉足了舞台。舞台上的人生和现实中的人生是截然不同的。舞台是一个制造梦幻的地方，甚至可以说是一个制造喧闹和假象的地方。当然，舞台也是一个创造美的地方。

这一切深刻地影响了年幼的迈克尔·杰克逊，使得他的成长走向了另一个方向。

多年以后，当迈克尔·杰克逊成为父亲时，面对记者，他非常动情地说了这样一番话：“我一直在向上帝祈祷，希望上帝保佑他（迈克尔·杰克逊的儿子）。我将尽一切的努力去做一个好父亲。我是在舆论的包围中长大的，我绝不想让这一切在我儿子身上重演。请尊重我们的愿望，给他一个完全属于他自己的世界。”

这几乎是一段辛酸的话。从中我们可以捕捉到一个信息，那就是迈克尔·杰克逊对他自己的成长经历是有着痛苦的回忆的。过早地成名，过早地置身于光怪陆离的娱乐舞台，给他稚嫩的心灵带来的压力和迷惑是一个成年人所难以想象的。

这一点也解释了迈克尔·杰克逊为什么在成年后，在现实生活中，他在心理上始终存在着某些令他无法与现实世界沟通的障碍。

生活中的迈克尔·杰克逊就像他在舞台上一样，常常是令人琢磨不透的，但却远不像他在舞台上那么潇洒自如。人们常说，一个人的童年决定着他的一生。这句话对迈克尔·杰克逊也同样适用。有一件事情在他的童年生活中显得异乎寻常的重要。

1968 年的冬天，“杰克逊五兄弟”演唱小组在他们父亲的带领下，来到底特律的一家名叫“魔堂”的唱片公司进行自我推荐。经过试音后，他们成功了。

唱片公司开始给这个演唱小组进行商业上的包装，力图使他们一举成名。随后，他们来到了洛杉矶。这时，在迈克尔·杰克逊的生活中出现了一个极其重要的人物，此人无论是在生活上，还是在事业上，对他都有着无与伦比的影响。她就是当时的黑人大歌星黛安娜·罗丝。

到达洛城后，唱片公司特地将小迈克尔交给罗丝监护。小迈克尔在她家里生活了将近两年的时间。黛安娜·罗丝非常喜欢这个文静内向而又才华横溢的小男孩。她陪他玩游戏，教他唱歌，教他阅读书籍，讲故事给他听，还教给他许许多多做人的道理。

这段幸福的生活，对迈克尔·杰克逊的一生都产生了难以估量的影响。

第二年，黛安娜·罗丝作为一个声名显赫的大明星，在美国广播公司电视台的一段黄金节目中，热情洋溢地向全美国的观众推荐了“杰克逊五兄弟”演唱小组。小迈克尔作为主唱，以一曲《我要你回来》首次亮相，一炮而红。

从此，迈克尔·杰克逊便走上了辉煌的演艺生涯。

多年后，迈克尔·杰克逊回忆起这段生活时，他充满深情地谈论起黛安娜·罗丝：“她简直是一个神奇的人……她有时像母亲，有时又像姐姐，有时还像情人……这太奇妙了。”

如果我们了解迈克尔·杰克逊在生活中的种种表现，我们也许就能够更加充分地了解他为什么要说出这一番话了。迈克尔·杰克逊的生活一直是世人所关注的焦点，他的生活经常出现“新闻”，不仅引起了舆论的注意，也给他自己不断惹来麻烦。

早在 1984 年，迈克尔·杰克逊的私生活就引起了公众的强烈关注。

那年 2 月，迈克尔·杰克逊获得了美国流行音乐界最重要的奖项——格莱美奖。他摘取了最佳流行男歌手、最佳摇滚男歌手、最佳节奏与布鲁斯男歌手、年度最佳录音、年度最佳歌曲、年度最佳制作、最佳儿童歌曲录音等 8 项重要大奖。

格莱美奖是美国音乐界最富权威的奖项，其地位及影响力绝不亚于电影界的奥斯卡金像奖。

颁奖典礼上，迈克尔·杰克逊独领风骚，出尽风头。但他私生活中的细节也被敏感的观众捕捉到了，并引起了纷纷的议论。

那个流光四溢的夜晚，陪同迈克尔·杰克逊一同前去领奖的是当时年仅 19 岁的性感女影星波姬·小丝。

当他们双双出现在会场时，立刻吸引了众人的目光。

一个是流行歌坛的天皇，一个是星光灿烂的青春靓女，在人们的心目中，这无疑是天造地设的一对，其炫目的光芒无人可与之媲美。

由于波姬·小丝曾多次陪同迈克尔·杰克逊出席各种盛大的晚会，两人给人的感觉是双宿双飞的一对热恋情侣，因此，在公众眼中，波姬·小丝理所当然的是迈克尔·杰克逊的女朋友了。

但事实并非如此。

细心的观众很快就发现，波姬·小丝还有一个强大的情敌。令人震惊的是，这个情敌居然是一个年仅 7 岁的黑人小男孩！

为什么说这个小男孩是波姬·小丝的"情敌"呢？

在颁奖现场，波姬·小丝坐在迈克尔·杰克逊的身旁，神情却极不自信，甚至还流露出一丝掩盖不住的尴尬之色。

小男孩坐在迈克尔·杰克逊的膝盖上，两人不时地窃窃私语一番，神情极为亲密。而大明星波姬·小丝看上去简直就像是一个美丽的陪衬。

面对此情此景，人们开始怀疑迈克尔·杰克逊是不是一个有着"恋童癖"及同性恋倾向的人。

不久，事实更加增强了人们的怀疑。

波姬·小丝很快就和迈克尔·杰克逊分了手。面对记者提问时，她坦言，她和迈克尔·杰克逊纯粹是柏拉图式的精神恋爱，甚至连亲吻都没有过。迈克尔·杰克逊从不亲吻她，而当她鼓足勇气主动去亲吻他时，迈克尔·杰克逊却令人伤心地把头扭开了。

想想看，波姬·小丝是一个具有何等魅力的女子，而迈克尔·杰克逊居然连她的魅力都能抗拒，甚至弃之如敝帚，难道能不让人生疑吗？

这一年迈克尔·杰克逊年满 25 岁，他向一个朋友透露，他仍然还是个童男子。

迈克尔·杰克逊对小孩一直非常喜爱。每次去世界各地巡回演出，他总是不厌其烦地和许多小孩待在一起玩。人们常常会惊讶地发现，他身边总是会出现某个非常漂亮的小男孩。迈克尔·杰克逊绝大部分朋友都是小孩，成人朋友非常之少，已故的黛安娜王妃是仅有的几个之一。而他们之所以能够成为好朋友也是因为小孩。黛妃和迈克尔·杰克逊一样，都非常喜爱小孩。因为这一点，迈克尔·杰克逊将黛妃作为知己。

他一度还在自己的别墅里安放了一个人体塑像，给“她”穿戴上黛妃的服饰。当他感到痛苦和孤独时，他便静静地坐在“她”面前，轻声细语地倾诉自己对生活的厌倦和恐惧，倾诉自己对纯洁、完美以及孩童的热爱。迈克尔·杰克逊甚至因为自己的这种在他人眼中显得有些反常的举动而吃了一场官司。

1992 年 6 月，迈克尔·杰克逊举行了一次世界巡回演出。在这次演出的行程中，有一个非常漂亮灵秀的小男孩始终陪伴着他，显得极其惹眼。

翌年 9 月，小男孩父母的一纸讼书将迈克尔·杰克逊告上了法庭，以对小男孩性骚扰的罪名对他进行起诉。

结果导致警察对迈克尔·杰克逊的住所进行了一次全面的搜查。

最后，迈克尔·杰克逊拿出近 3000 万美金的巨款才将这一麻烦事了结。

这一事件给迈克尔·杰克逊精神上造成了沉重的打击，最终促使他选择了结婚生子这一条正常人的生活道路。

迈克尔·杰克逊是否真有“恋童癖”或同性恋倾向我们没必要去深究。我们唯一可以肯定的是，迈克尔·杰克逊绝对是一个内心极其敏感、脆弱的人。虽然他早已誉满全球，名利双收，但从童年起就一直存在的内心的伤口却始终得不到治疗。在现实生活中，他仍然还是一个孤独胆怯的孩子。他对与黛安娜·罗丝一起生活过的那段岁月一直念念不忘就是一个典型例子。

1988 年，迈克尔·杰克逊在洛城附近一处较为偏僻的乡间花重金购买了一幢豪华别墅，连同一大片风景优美的牧场。

他给牧场起名为“永无乡”。这名字来源于他非常喜欢的一部童话故事《彼得·潘》，“永无乡”就是小男孩彼得·潘乐不知返的快乐之乡，梦幻之乡。

更有意思的是，在他的住处旁边就有一所寄宿学校和一所幼儿园。孩童仿佛成了迈克尔·杰克逊的护身符。

拥有辉煌的成就，拥有舞台上的疯狂，甚至色情、暴力的迈克尔·杰克逊，在生活中却是一个世界上最最孤僻的人，一个极端自我封闭的人，一个极其容易受伤害的人，一个几乎完全活在儿童世界里的人。

这一切构成了他性格的强烈的不可捉摸。

像迈克尔·杰克逊这样的人，可以说是世界上最单纯的人。他的独特经历使他显得如此的与众不同。对他而言，现实生活几乎是不存在的。他完全生活在一个自我梦幻的世界里，追求完美，追求纯洁，追求虚幻，全然不顾人世的种种束缚与羁绊。换句话说，他完全是一个生活在虚幻舞台上的人。

迈克尔·杰克逊有一件事几乎像他的歌声一样在世界各地家喻户晓。

他是个地地道道的美国黑人，这一点谁都知道。但他却几乎将自己完全变成了一个白皮肤的人。

为了换皮肤，他做了不知多少次痛苦的整容手术，足足耗费了上亿的美金。这件事引起了许多人的极度反感：明明是个黑人，却欲盖弥彰地偏要把自己“变”成个白人，真是又出丑又滑稽！虽然他的家人及朋友都出来为他进行辩护，说他仅仅是因为患了难以治愈的皮肤病才迫不得已去做了改换肤色的整容手术。但这样的解释显然是难以自圆其说的。

而迈克尔·杰克逊自己对此则从不解释。

其实，只要我们知道了迈克尔·杰克逊的性格特征之后，对他这种前无古人、后无来者的惊世骇俗的举动就不会过于惊讶了。这是一个彻底生活在舞台或梦幻之中的人。

如果说迈克尔·杰克逊改换肤色是出于对自己种族的偏见，恐怕有些危言耸听了。但如果说他改换肤色是出于审美的要求，那么，他觉得白皮肤比黑皮肤美，那又有何不可呢？他改换肤色仅仅是因为他觉得白皮肤比黑皮肤美，仅此而已。

对于像迈克尔·杰克逊这样的人，的确不可以用常人的目光去打量他。

迈克尔·杰克逊是个谜。所有听过他的歌曲的人，所有看过他的舞蹈的人，无不为他的魅力激起强烈的感情，或疯狂，或迷醉，或憎恶，或迷惑……

唯独没有冷漠，没有视而不见，没有无动于衷，这就是他的魅力。这种魅力的来源有很大一部分则是来自他那即使他人想模仿也是模仿不来的性格。

迈克尔·杰克逊当然不是上帝，也不是魔鬼，他仅仅是一个奇特的人，一个禀赋异常性格令人捉摸不透的人。

要想真正了解他，除了懂得对人类的性格进行理性的分析以外，还需要具备一颗艺术家般的懂得生命的美与善的心灵。

九、外向直观型性格的人如何优化

这种性格的人预见能力极强，并且在预见之后，他们会勇往直前，这是其最大优点。但他们容易狂热，甚至有些时候不太理智，并且难于安于日常生活。如果他们增加自己生活磨炼的机会，将会更加现实，并且变得沉稳、理智。

“梅花香自苦寒来”是这种性格的人最好的座右铭。20 世纪最富有的华人是谁？李嘉诚。你看到了他炫目的光环，可你是否了解他在苦难童年对自己性格优化所作的努力，你是否了解他坚强、沉稳的性格从何而来？他的努力将他预见能力强的特点保留了下来。

当我们对一个成功人士进行了解和分析时，我们不能停留在主人公头上的一层层光环上，我们不能停留在我们自己对主人公发迹历程的动人故事的长嘘短叹上。我们应该看到那一层层光环后面主人公艰辛的奋斗和朝着目标努力的自我调整以及自我优化，我们应该看到我们学习和了解、分析主人公是为了给自己找到一条像主人公一样适合自己的奋斗道路。

李嘉诚 11 岁到香港。14 岁由于父亲去世，他辍学打工，开始从一些小买卖中显露出才华。

后来舅父让他到自己的钟表公司上班，不料他说他要自己找工作，表现出了他的自强独立和自信的性格。

他想到银行寻找机会，因为他觉得银行一定有钱，并且它是同钱打交道，它也不可能倒闭。

但他到银行的梦想没有成功，却当了一名茶馆里的堂倌。即使当堂倌的时候，他还胸怀大志，从小事做起，一步步地走向目标。这些小事是这样的：他给自己安排课程，自觉养成察言观色、见机行事的习惯。这些课程包括：时时处处揣测茶客的籍贯、年龄、职业、财富、性格，然后找机会验证；揣摩顾客的消费心理，既真诚待人又投其所好，让顾客既高兴又付钱。

这期间，有一件小事使他获益匪浅。

一天，一位生意人在大谈生意经，李嘉诚听得入迷，忘了伺候客人茶水。等到大伙计叫唤，才慌忙提壶为客人冲开水。结果不小心把茶水洒到了客人的脚上。这一下，他就有被开除的危险。他吓得脸色煞白，呆立一旁，动弹不得。老板立即跑过来，就要斥责李嘉诚。这时那位生意人却说没事，是自己不小心碰了李嘉诚。

这件事给他的印象非常深刻，以至于后来成为一代巨富以后，他还时时想到。他说："这虽然是件小事，在我的眼中却是件大事。如果我还能找到那人，我一定要向他赔礼道歉，让他安度幸福的晚年，以谢恩德。"

这番话也可以看出李嘉诚是个知恩图报的人。而知恩图报，以善从商，正是李嘉诚商业生涯的准则。

那个时候，他每天都要工作将近20个小时，尽管如此，他还是给自己定下一个目标：利用工余时间自学完中学课程。

这需要多大的毅力？那时候他实在太穷，买不起书。结果，他在这方面又显示出超人的智慧来。他通过观察，发现大多数中学生将用过的教材当垃圾扔掉。一些有心计的人会把旧书卖掉来换回一些钱。

李嘉诚不想借人东西，因为他从小就心高气傲，他不想有求于人。那怎么获得书本？

他想既然有人收购旧书，就会有专做旧书生意的书店，他一打听，确实有干这种生意的。于是他到折旧书店廉价买旧教材，一次只买一到两种，学完之后，又拿到折旧书店去卖，再将卖旧书的钱买回"新"的旧书。

就是这样，李嘉诚既掌握了知识，又没有浪费钱。

后来，他觉得当茶馆没有前途，就进了舅父的钟表公司当学徒。他偷师学艺，很快学到了钟表的装配及修理的有关技术。其后，他建议开钟表公司的舅父迅速占领中低档钟表市场。结果大获成功，因为香港对低档表的需求确实很大。那一年，他才16岁，就已经显示出了超人一等的预知能力和生意头脑。

1946年，他17岁，辞别舅父，开始自己的创业道路。

此后，他屡遭失败，几次陷入困境。但他毫不气馁，勇往直前。1950年夏，22岁的李嘉诚创立长江塑胶厂。他之所以要创立这个厂，是因为预计全世界将会掀起一场塑胶花革命，当时的香港，塑胶花是一片空白。这是一个机遇，也是一场赌博。因为当时全世界对塑胶的概念仍停留在有限的工业用途上，并未将其眼光放在物质享受和精神生活上。李嘉诚的预测告诉他：塑胶市场大有前途。

可以说，他有审时度势的判断力，以及天才的直觉能力。

20世纪40年代后期，饱受战乱之苦的内地人纷纷逃往香港，使香港人口从40年代上半叶的50万~60万人一下子上升到1950年的200万。这批“战争难民”给香港带来了大量的资金、技术、劳力，也使香港市场容量得以迅速扩大。此外，当时有大批原先设在内地如上海、天津、广州等地的外国洋行及工厂，也纷纷撤到香港。这使得香港的经济前景看好。

李嘉诚看准了经济发展的美好前景，坚定地认为这是创立事业的最佳时机。

可见，作为一个外向型直观类型性格的人，李嘉诚是很会判断机遇、抓住机遇的。

他之所以办塑胶厂，还有一个原因，就是因为他看到了当时香港经济的整体状况。当时正爆发中美朝鲜战争，港英政府关闭对华贸易的进出口通道，香港汇率跌入深渊。港府调整产业政策，使香港经济由转口贸易型迅速向加工贸易型转变，并取代转口贸易成为香港经济的支柱。

创业之初，李嘉诚说过这么一句话：“如果机会还没有到来，我会做好一切准备等待它；一旦它来了，哪怕只有万分之一的可能，我都不会放过。”

在机会来临之前，他只管勤奋工作。

当时，他的工作日程是——

每天一大清早，就外出推销或采购。这样，赶到办事的地方的时候，别人正好上班。他从不坐出租车，距离远就乘公共巴士，路途近就双脚行走。中午时，他急如星火赶回工厂，先检查工人上午的工作，然后跟工人一道吃简单的工作餐。没有餐桌，他们就在地上吃。下午，他既是操作工、技师、设计师、推销员、采购员，又是会计师和出纳员，还是培训工人的师傅。晚上，他做账、记录推销的情况、规划产品的市场区域、设计产品的模型图、安排第二天的生产。

深夜和周末，他学习塑胶行业的种种有关原料、产品、设备、款式方面的知识，也学习工厂的管理知识。

老板的拼命，带动了员工。在共同的努力下，随着第一批产品的顺利推销，订货单开始源源不断地来了。生产规模随之扩大，为适应生产规模的扩大，他招聘了会计、出纳、推销员、采购员、保管员，开始实行层级管理。同时又扩大招收工人，并实行三班倒工作制，加快速度夜以继日生产。

开始的时候，曾遇到过质量问题。需知质量是创业的信誉，对一个企业的生死存亡至关重要。所以，当一家客户宣布李嘉诚的塑胶制品质量粗劣要求退货时，李嘉诚震动了。

然后又有许多客户要求退货，还要求赔款。在这样的情况下，李嘉诚开始了他的“外交内政”，首先他稳定内部军心，向员工坦率承认自己的经营错误，保证绝不损害员工的利益，希望大家同甘共苦，共渡难关。然后他一一拜访银行、原料商、经销商、客户，向他们认错道歉，保证以后赔偿损失。最后，他查遍库满为患的积压产品，将其分门别类，然后集中力量推销，收回一部分资金，分头偿还债务，解去燃眉之急。

他的努力得到了回报。银行、原料商、客户一致放宽期限。他利用缓冲的机会，对工人进行技术培训来提高业务技能，同时筹款添置先进设备来提高产品质量。

终于，到 1955 年，长江塑胶厂出现转机，产销渐入佳境。在工厂经营到第 7 个年头的时候，李嘉诚开始放眼全球。他大量寻求塑胶世界的动态信息。一天，他翻阅英文版《塑胶杂志》，读到一则简短的消息：意大利一家公司已开发出利用塑胶原料制成塑胶花，并即将投入生产，向欧美市场发动进攻。他立即想到另一个消息，那个消息说欧美人生活节奏加快，许多家庭主妇正逐渐成为职业妇女，家务社会化的要求越来越强烈。他于是推想，欧美的家庭，都喜爱在室内户外装饰花卉，但是快节奏使人们无暇种植娇贵的植物花卉。塑料插花可以弥补这一不足。他由此判断，塑胶花的市场将是很大的。他又更长远地看到，欧美人天性崇尚自然，塑料花的前景不会太长。因此，必须抢先占领这个市场，不然就会失去这个机遇。

于是，李嘉诚以最快速度办妥赴意大利的旅游签证，前去考察塑料花的生产技术和销售前景。

一条辉煌的道路，由此展开。

到意大利后，他寻访那个在世界上开风气之先的塑胶公司的地址，寻到以后，他以经销商的身份进入那家公司，进入产品陈列室。可这样做不可能获得具体的生产工艺和配方调色方面的知识与技术。终于，他又想出一个绝招。

他在旅馆翻报纸，看到这家公司的下属厂在招工人，于是决定打入内部。他知道以他的旅游签证打工是非法的，但他也知道工厂一定会收留他，因为工厂可以对他开很低的工资。结果，他轻易就争取到了一个又苦又累的工作——清除废品废料。这个工作使他能够推着小车在厂区各个工段来回走动。这样，他掌握了有关的一些知识。可是，重要的技术怎么学到？他的方法是，和一些技术工人交朋友，以假装自己想到其他工厂做技术工人为借口，从他们口中套出有关技术。这个重要的任务完成以后，他又到市场上看了看市场行情，认清了这个行业的未来前景。

从意大利回来，他就立即出重金聘请塑胶专业人才，开发塑胶花生产，抢先生产出塑胶花，又迅速地占领并巩固了市场。在此之前，他早已料到其他厂家也会一拥而上，纷纷效仿，所以，他采用低价位、迅速抢占所有这一市场的策略。就这样，等追随者跟来时，他已站稳了脚跟。

等立足已稳，他又想方设法绕开洋行中间商，直接与外商打交道，更进一步地夺取主动权。

接着，他又以其冒险精神赢得了欧洲和美洲的大客商和市场。一方面派出得力干将赴欧美，另一方面就是抢先接待外来的批发商。他开始直接从欧美批发商手中取得订单，价格上实行双方互利的原则。

正当李嘉诚全力拓展欧美市场的时候，一个重大的机会出现了。一位欧洲的大批发商在看到了李嘉诚公司的产品样品后，前来与李嘉诚联系。这位批发商是因为李嘉诚公司的产品价格低于欧洲产品的价格而来找他的。他通过一些渠道得知，长江公司是资金私有制。为保险起见，他表示愿意同李嘉诚合作，条件是李嘉诚必须有实力雄厚的公司或个人进行担保。李嘉诚知道这位批发商的销售网遍及欧洲最主要的市场——西欧和北欧。如果能与他取得联系并合作，是十分有利的。但是他竭尽全力都没有找到担保人。只要有一线希望，就要全力争取，这是他成功的一个法宝。他与设计师一道通宵达旦连夜赶出9款样品。批发商只准备订一种，李嘉诚则每种设计了3款。第二日他来到批发商的酒店。批发商望着他因通宵未眠而通红的眼睛，欣赏地笑了，答应谈生意。在李嘉诚没有担保的情况下，签了第一批购销合同。按协议，批发商提前交付货款，从而解决了长江公司扩大再生产的资金不足问题。

长江公司很快占领大量的欧美市场。仅1958年一年，长江公司的营业额就达1000多万港元，纯利100多万港元。

塑胶花使长江实业迅速崛起。他也成为世界“塑胶花大王”。这个时候，他又想扩大规模，为此，他制定了新的发展方向。他决定组建合伙性的有限公司，然后，发展到相当规模时，申请上市，成为公众性的有限公司。

1957年年末，长江塑胶厂改名为长江工业有限公司。李嘉诚就任董事长兼总经理。

1973年，石油危机波及香港。香港的塑料原料全部依赖进口。香港的进口商趁机垄断价格，价格高得难以承受。

这时，他已把重心转向房地产。

他之所以转向房地产，是因为自1964年以后，塑胶花开始受到冷落。而随着香港工商业的发展，房地产在商业界中占着极其重要的地位，并且很有发展前途。天才的预测能力又一次在他的生意生涯中起了举足轻重的作用。

1960年，他在柴湾购地兴建大厦，两座大厦的面积共达20万平方米。在香港经济迅速发展的五六十年代，香港的港岛和新九龙中心地价迅速上升，等人们认识到这一行情时，洞察先机的李嘉诚已成为地产界的主力军。

弹丸之地的香港，自由经济十分发达，支撑着600万居民的衣食住行，引起世界各国的重视。在这其中，房地产业的发展起了极为重要的作用。

香港的房地产业在香港经济的发展中处于举足轻重的地位，甚至被称为“香港经济的寒暑表”。60年代初期的香港，由于人口的急剧膨胀，内地和东南亚的人口大量流入，香港的资金和熟练劳动力，以及香港当局的土地政策、建筑条例，很适合房地产的发展。特别是1962年港府对香港建筑条例的修改并公布，许多拥有地皮的企业和祖传者，为了避免吃亏，都想在1966年前建房；同时，银行也积极参与房地产的投资，放宽建房信贷，所以很快刮起一股地产风。这段时期应运而生一大批赌博心理极强，并且具有很强预见性的投资者。

在这股经营地产的狂潮中，李嘉诚一方面继续大兴土木，建造一幢幢厂房，另一方面却异常谨慎地密切注视局势的变化、市场的走向。饱经生活的磨难，养成了他不投机钻营更不去冒大险的性格，甚至是建造大厦都没有向银行借贷一分一毫。但是，谨慎行动不等于不行动，注重长远利益的李嘉诚，既然已经精明地看到了地产发展前景，就要采取行动。

几年以后，随着局势的动荡，香港的房地产一次又一次不经意地显示了它大起大落的特色。由于银行对房地产的过度贷款及其他因素，1965 年爆发银行信用危机。在挤兑狂潮中，数家银行的分行倒闭甚至实力雄厚的恒生银行也被迫受控于汇丰银行。在银行危机的狂烈冲击下，房地产也受到冷落，价格一直下跌，许多建筑公司、地产公司纷纷倒闭，从而出现了战后地产业的第一次大危机。此次危机一直持续到 1967 年，香港各业几乎都困死于危机中，1967 年 5 月爆发了反英抗暴事件，严重动摇了投资者的信心，整个香港的地价、楼价处于有价无市的状态，建筑业几乎停止不前。港人中的一部分卖房者远走他乡，香港再一次面临着房地产危机。

在这个百业萧条的年代里，李嘉诚再次审时度势，洞察先机。他敏锐地意识到香港的房地产业仍大有前途，于是他逆趋势而动，暗中努力。

他一方面加强稳固他的大后方长江实业有限公司，继续在塑胶业中保持独占鳌头的地位；一方面不动声色地将工厂利润和物业租金换成现金存放，并且通过不同渠道收集有关信息资料，充分利用这个机遇，胸有成竹地用现金以低价收购了大量的地皮和旧房。他有计划、有步骤地利用现金将购置的旧房翻新出租，再用所得利润全部换取现金大量收购土地，并且采取各个击破、集中处理的方式，将土地以点带面、以面连片地纵横交错地发展。就这样，这一收一卖一买使李嘉诚手头上集中在了大批房地产，后来的事实征明，他又赢了。

到 20 世纪 70 年代中期，他从 1958 年拥有楼宇 12 万平方尺，发展到拥有楼宇 630 万平方尺。

1971 年 6 月，李嘉诚成立长江地产有限公司，走上了集中经营房地产业的轨道。随着社会经济愈来愈集团化、规模化，当传统的独资企业和合伙企业大规模集中资金无能为力的时候，一种新的股份制应运而生。在世界经济资本证券化趋势的影响下，股票的神奇魅力使人类社会从金钱崇拜进入到股票崇拜时代。

1972 年 7 月，李嘉诚把握香港股市处于牛市顶峰期的机会，将长江地产改名为长江实业（集团）有限公司，并于同年10月向远东交易所、金银证券交易所以及香港证券交易所申请股票上市，11月1日正式挂牌，法定股为2亿港元。

这一重大举措，意味着什么呢？

它意味着，从此长江实业公司站到了公众面前，树立了形象。从此以后，长江的一举一动都必须接受股票市场的监督和检查，必须遵守证券交易所的各项规则和各种要求。而且，对于决策首脑的李嘉诚，如果不希望在残酷无情的商场中被击败的话，在进行每一个商业行动之前，就必须对公众股东负责。

这正是李嘉诚在商业上成熟的标志。

从李嘉诚的创业史中，我们可以看出三点值得我们学习和思考的方面：一是作为外向型直观类型性格的人，李嘉诚天才的直观预知能力在他的生意生涯中起了举足轻重的作用。从建议舅父主攻中低档手表市场到白手创塑胶市场产业，从塑胶花大王到开经营房地产之先河，从众多房地产商和银行纷纷从房产业撤出，到李嘉诚的继续经营房地产业，无一不表现出了李嘉诚的天才预测能力。所以对于这类型的读者朋友，要千万珍惜自己这方向的能力。二是李嘉诚虽然拥有天才的预测能力，但他并未停留在预测上，而是立即付诸行动，很好地把握了“兵贵神速”的生意秘诀。所以我们要千万记住“行动永远比梦想更加重要”，只有梦想没有行动结果只能是零，有了行动，成功的机会至少有一半。三是李嘉诚克服了性格中的冲动和毛躁，通过学习和实践保证自己生意场上稳扎稳打，强化自己的稳重和成熟，使自己置于不败之地。

十、内向直观型性格的人如何优化

内向型直观类型性格的人预测能力极强，艺术细胞活跃，他们的感情丰富，但感觉能力欠缺，所以容易脱离现实并难以为常人所理解。他们一般不迷信现实世界的权威，敢于怀疑现实世界中的一切，所以有时还会刚愎或者嫉妒。如果他们能克服幻想，多与现实沟通，并克服怀疑一切和嫉妒的缺点，他们有可能成为一名执着的投资家。

世界上最伟大的投资者是谁？世界上有哪一位商业巨人的声望堪与微软总裁比尔·盖茨相媲美？世界上有哪一位超级富翁经常与比尔·盖茨在财产排行榜上争夺第一把交椅？世界上有哪一位声名显赫的大富翁每天要喝掉5瓶可乐？世界上有哪一位投资者感冒了，华尔街就要打喷嚏？

答案是：沃伦·巴菲特——全世界最富有的重量级大富豪之一。

他被人称为“金融界的福里斯特·冈普”，被人称为“奥马哈的神谕者”，被人称为“吃玉米花的资本家”，被人称为“圣·沃伦”，被人称为“商界的威尔·罗格斯”，被人称为“华尔街的上帝”，被人称为“美国的当代英雄”，被人称为“股市之魔”，被人称为“可疑的圣者”，被比尔·盖茨称为“心中的偶像”……

这样的人，无疑是一个极具特色的人物，一个性格鲜明独一无二的大富翁，一个拥有偏执性格特征的显赫的成功者。

作为投资界的一代王者，巴菲特具有天生的预测能力和敏锐的嗅觉，但他超人一等的市场反应能力、用直觉与现实沟通的能力，却是他不断优化性格的结果。

为了了解巴菲特的性格，我们不妨先了解一下他的个人简介。

巴菲特于1930年8月30日出生于美国内布拉斯加州的奥马哈。他的童年是在奥马哈度过的。他在华盛顿读完了中学。

中学毕业后，巴菲特进入宾夕法尼亚大学沃顿商学院就读，但很快他就退学了，因为他认为在那里学不到什么有实际价值的东西，这是这种性格的人的典型表现——敢于怀疑一切。

1950年，他在内布拉斯加大学获得科学学士学位。之后，他向哈佛大学提出入学申请，但遭到拒绝。1951年，他在哥伦比亚大学获得了经济学硕士学位。1952年结婚。

下面是一张1985年到1995年的美国富豪排行榜。让我们看看巴菲特的位置。

1985年，巴菲特以10.7亿美元的净资产名列《福布斯》排行榜的第12位。高居榜首的是净资产达28亿美元的萨姆·沃尔顿。

1989年，巴菲特的净资产急剧上升，达42亿美元，升至第2位。当时，美国排名第1位的是约翰·克鲁格，净资产达52亿。（全世界最富有的是一个日本巨商，净资产达150亿美元。）

1992年，巴菲特以43亿美元位居第4位。而信息时代的天之骄子比尔·盖茨首度称雄，以63亿美元的净资产位居榜首。

1993年，巴菲特首次以83亿美元的净资产问鼎首富宝座，比尔·盖茨以62亿美元屈居第2位。自此，《福布斯》排行榜上开始了巴菲特与比尔·盖茨争雄的时代。

作为一个顶尖级的成功者，巴菲特身上拥有一种极为独特的性格，这种性格跟他的成功密切相关。

巴菲特可以说是出身名门。他的父亲霍华德·巴菲特在美国众议院担任过四任议员。巴菲特没有子承父业，去选择从政，而是选择了投资业，这是一个重大而且正确的选择。

巴菲特今天取得了如此之大的成就，并不是依赖祖传的基业。对巴菲特而言，这一切与他的关系似乎并不大。巴菲特所选择的人生道路与他的父亲是完全不一样的。这一点决定了他只能凭借自身的力量白手起家。

奇迹是存在的，但能够创造奇迹的人却是罕见的。而巴菲特恰恰就是一个能够创造奇迹的人。

巴菲特精于算计，直觉敏锐，敢于冒险，对自己认定的事非干到底不可，有着一种极端固执的倾向。这种性格从他童年起就开始深刻地影响他的生活了，并一直贯穿到他成为举世皆知的沃伦·巴菲特。从童年时起，巴菲特就充分表现出了他那天才商人的独特品性。

所有关于巴菲特的传记几乎无一例外地都提到了他早年生活中的几件“杰作”。7 岁那年，他跟随父母去海滨度假。那天天气很热，一家人在海滩上玩。父亲给了他一点零花钱，让他去买饮料喝。奇妙的是，小巴菲特不仅买回了饮料，而且还赚了一笔不算很小的零花钱。

事情是这样的：巴菲特拿着钱去买饮料的途中，发现海滩离出售饮料的店铺有比较远的一段路，海滩上人很多，天气又这么热……

他灵机一动，觉得这可是一个难得的挣钱机会，不可轻易放过。

他跑到饮料店，将所有的钱全部换成瓶装可乐，整整有一提兜。他就抱着这些可乐从海滩的另一头走过来，开始叫卖。每瓶可乐赚取两美分。他的父母在海滩另一头惊讶无比地看着这个 7 岁的临时小商贩。

巴菲特平生第一笔生意就这样做成了。

关于这个高价出售可乐的故事有多个版本。但无论是哪个版本，所要体现出的就是一点，那就是巴菲特天生是个精明的商人。

巴菲特早在读书期间，就已经是个小有成就的商人了。据说他读书时，常常逃课，并不是他贪玩，而是因为他实在太忙了。他常常要兼数种工作，比如，出版赛马的内情公告单，回收高尔夫球，送报纸等，忙得不可开交。

读中学时，他曾与朋友以 25 美元的低价买下了一台二手的角子游戏机，并冒充是某家大角子机公司的一家分设点，将这台角子机安置在一家理发店里。之所以有这个想法，是因为巴菲特发现人们在理发店里等待理发时，没办法打发时间，所以想出了这一赚钱的高招。第一天营业下来，巴菲特和他的朋友打开收币箱，发现整整赚了 4 美元。此时，巴菲特说了一句日后非常著名的话：“我想，我们已经上路了。”角子游戏机为他每周净赚 50 美元。

中学毕业时，巴菲特在银行里已经有了 9000 美元的存款。这在当时已经算是一笔大钱了。

巴菲特曾说过这样一段话："我与充满激情的人一起工作，我做我在生活中想做的事。我为什么不能这样？如果我连自己想做的事都做不到，那才真是见鬼！"

"吸引我从事证券工作的原因之一是，它可以让我过上我想过的生活。我没有必要为成功而刻意打扮自己。"

"我想象不出生活中还有什么我想要而不能拥有的东西。"

他的朋友们都认为巴菲特是一个想怎么生活就怎么生活的人。甚至对于日常饮食也是如此，想吃什么就吃什么。这一点也已为世人所知，确实如此。

从巴菲持早年的生活经历中，我们已经可以看出他身上独特鲜明的性格特征了。

极度的偏执，而又崇尚自由，对生活充满热情，不顾一切地去实现自我的价值。

美国一位大企业家曾这样说过："巴菲特是我们这个时代的一个奇迹，一个充满魅力的谜。你越接近他，你越能发现他的不同凡响之处。但是，如果你以此告诉人们他是某一种人，那你显然就是被迷惑了。巴菲特不是一个实业家，不像比尔·盖茨，不像松下幸之助，他仅仅是一个证券经纪人。但他却是全世界数一数二的大富翁之一。他的过人之处在哪儿？巴菲特显然不是骗子。那他是什么？"

换个角度看，我们更倾向于认为他是一个艺术家，一个以金钱为作品的艺术家。

为什么这么说呢？

让我们来看看日常生活中的巴菲特。也许很多人都会这么认为，一个拥有上百亿资产的大富豪，一个一辈子都为挣钱而忙碌的人，肯定是一个守财奴，一个自私冷酷的人，一个不懂得生活乐趣的工作狂，一个让自己的家人和朋友敬而远之的人。这个论断用在某些拼死拼活地积聚钱财的富人身上也许是合适的，但用在巴菲特身上显然就不恰当了。

根据有关巴菲特的几种传记，我们可以知道，巴菲特是个非常懂得享受生活的人。

巴菲特曾说过，钱在某种程度上会使一个人的处境变得更为有利，但它无法改变一个人的健康状况，也无法让别人真正爱上你。

他在生活中显然是一个遵守自然的生活法则的人。

巴菲特作为世界投资大王，对投资的认识却迥然有别于他人。投资对他来说，既是事业，又是一项运动，同时也是娱乐。

他非常迷恋桥牌游戏，热衷于吃玉米花，一天喝 5 瓶可乐。他最爱喝的可乐是百事可乐，有趣的是，他却是可口可乐股票的重要持有者之一。

一个朋友回忆年轻时的巴菲特，他说道："巴菲特的个性极为迷人，其原因之一就是他拥有一种了不起的幽默感。他脑袋里装满了各种各样的绝妙故事。他的机智幽默、他的热情、他的用不完的精力、他的自信、他那天才般的直觉能力，这一切促使了他的成功，也为他赢得了朋友们的喜爱。"

巴菲特有数不清的朋友。由于他为人慷慨、热情、诚实（这对一个商人来说是多么不可思议），朋友们对他非常信任。不仅信任他挣钱的能力，也信任他做人的能力。巴菲特早年就开始做起了证券生意。有很多人把钱交给他，毫无保留地信任他，结果，这些人现在都成了富翁。人们把这些人称之为"巴菲特富翁"。

巴菲特性格中的偏执倾向使得他成为一个性情复杂的人，一个在事业上达到无人可与之争锋的人。《新金融大师》的撰稿人约翰·特雷恩说："从职业的角度上来说，巴菲特选择的是一个鹰派的行业，他也的确是一只令人生畏的鹰，与此同时，他又是一只令人感到愉快的鹰。"

我们知道，巴菲特很早就开始展露出他的投资天才。他的童年就是一个天才商人的童年。

巴菲特曾说，他对挣钱从来没有失去过信心。很早，他便确立了自己的人生志向。他坦言，不值得做的事情就用不着好好去干。简简单单的一句话道出了他内心的秘密：只做自己认为最值得做的事情。

“我是一个现实主义者。我喜欢目前所从事的一切，并对此始终深信不疑。不过，先前选择做一个棒球联赛的主力选手也许会是件美妙的事。可是由于现实主义起作用的结果，才使我有了目前的选择。”

“从谋生的角度看，我是世界上最幸运的人。没有人能够叫我做我不相信或我以为是愚蠢的事。”

一个性格偏执的人，往往是认准一个目标就要干到底的人。由于这种偏执，他所定的目标往往是极其高的，确切地说，这个目标对他而言事实上是没有多大意义的。他真正追求的是一个心灵的目标，一个外部事物无法对其进行衡量的目标。我们不妨将其称之为“性格目标”。

巴菲特在他长达几十年的投资生涯中，挥洒自如兢兢业业完成的并不仅仅是高达上百亿美金的财产，对他自身而言，更为重要的是，他实现了他自身的“性格目标”。

关于这一点，他有过很多的谈论。

“我所想要的并不是金钱。我觉得赚钱并看着它慢慢增多是一件很有趣的事。”

“虽然我也靠收入生活，但我迷恋过程要远甚于结果。”

“我有一块黑色的画布，我还有许许多多的颜料，我得到了我所想要的。现在我拥有较大数目的财富，而在多年以前，当金钱的数目较少时，我也拥有同样多的乐趣。因为我深知，我想做的事情必定会做成。”

当他说出这样一些话时，相信很多人对此都会一笑置之。

为什么？

因为他是巴菲特，因为他是全世界最富有的商人。谁会真正相信一个商人，一个富可敌国的人说自己不在乎金钱呢？就像人们不会去相信一个小偷不爱撬锁，一个强盗不会打劫一样。

所以，一个像巴菲特这么富有的人，一个完全凭借自身的努力才积累起巨额财富的人，居然说不爱钱，岂不是荒唐吗?!

人们在这里恰恰犯了一个错误，忘了人除了有一个具体的现实目标或理想外，还有一个隐藏在内心深处的隐秘的目标或理想。

后者并不取决于现实条件，而是取决于这个人的性格。性格对人的推动力要远远大于现实条件。

一个人绝不会因为养家糊口而穷尽一生的力量去赚取上百亿美元的财产。用这样一笔巨额财产仅仅是为了谋生显然是荒唐可笑的。推动他滚滚向前的不是物质的生存，而是一种精神的或心理的生存需要。

巴菲特正是这样的一个人。他的偏执性格和准确的预测能力驱使着他穷尽一生走向了高处不胜寒的财富巅峰。

让我们来看看巴菲特的成功之中所包含的人性及其性格上的奥秘。

特德·威廉姆斯是美国当时最负盛名的棒球运动员，他的运动水平和收入都是同行中最高的。巴菲特曾打过这样一个比喻，他说如果特德的薪水最高，而比赛时却只能把球击打到240分，那他是不会感到兴奋的；如果特德的薪水是最低的，比赛时却能把球击打到400多分，那他仍然会感到幸福的。巴菲特以此来表明自己对待事业和金钱的态度。

他认为自己工作时的感觉和棒球运动员特德·威廉姆斯的击球时的感觉是异曲同工的。简言之，金钱仅仅是巴菲特所热爱的事业的一种副产品。

所以他说，每天早晨去办公室上班时，他都感觉就像是去教堂朝拜圣灵。

现代社会是一个数字化的社会，几乎一切都依赖数字，商场上是这样，金融业是这样。巴菲特作为投资大王，按理说更是如此。

事实，恰恰不是这样。

巴菲特更多的是依赖直觉，依赖对人性的深刻洞察，而不是现代社会人人都奉为神明的数字。这是由巴菲特的性格所决定的。巴菲特对数字有着天生的喜爱，但他对于那些过度地把投资建立在似乎给人留下深刻印象的图表、曲线或公式上的投资者，却不以为然。

他极力反对许多投资者盲目地信赖统计数字，信赖电脑。他曾讥讽地说，有很多人就喜欢把时间浪费在数字上，居然会荒唐到在 87 还是 88 之间徘徊上一天一夜，简直不可思议。而他——巴菲特——世界首富、投资大王、华尔街的上帝，则越来越看重那些无形的东西了。

巴菲特对待一些经济学家以及经济学教授的态度是非常有趣的，能够充分体现出他的个性特点。

他毫不讳言他对这些所谓的专家的蔑视。

“你们这么聪明，我却这么富。”这是巴菲特针对那些专家说过的一句非常著名的话，幽默、风趣而又显得蛮不讲理，充满了典型的巴菲特色彩。对于大学里的经济学教程，巴菲特更是嗤之以鼻。他认为那些学问实在是太高深了，以至于变得毫无用处。因为简单的行为在实际操作中显然更为有效。当然，巴菲特是有资格说这样的话的。

他从 11 岁开始购买股票，几十年下来，他成了一个超级富豪。这是最有说服力的。

“当适当的性格与适当的智力结构相结合时，你就会获得理性的行为。”

正是这一点，使巴菲特获得了一般人无法企及的辉煌成功。